管理体系标准培训丛书

职业健康安全管理
体系标准的理解和实施

中国检验认证集团陕西有限公司　编著

策划　党继祥
主编　肖荣里

西北工业大学出版社

西　安

图书在版编目(CIP)数据

职业健康安全管理体系标准的理解和实施 / 中国检验认证集团陕西有限公司编著. 一西安：西北工业大学出版社，2020.12

（管理体系标准培训丛书）

ISBN 978 - 7 - 5612 - 7408 - 8

Ⅰ.①职…　Ⅱ.①中…　Ⅲ.①劳动保护-安全管理体系-中国　②劳动卫生-安全管理体系-中国　Ⅳ.①X92　②R13

中国版本图书馆 CIP 数据核字(2020)第 237857 号

ZHIYE JIANKANG ANQUAN GUANLI TIXI BIAOZHUN DE LIJIE HE SHISHI

职 业 健 康 安 全 管 理 体 系 标 准 的 理 解 和 实 施

责任编辑： 陈 瑶		**策划编辑：** 张 晖	
责任校对： 李文乾　呼延天慧		**装帧设计：** 李 飞	
出版发行： 西北工业大学出版社			
通信地址： 西安市友谊西路 127 号		邮编：710072	
电　　话： (029)88493844，88491757			
网　　址： www.nwpup.com			
印 刷 者： 陕西向阳印务有限公司			
开　　本： 787 mm×1 092 mm		1/16	
印　　张： 11.5			
字　　数： 309 千字			
版　　次： 2020 年 12 月第 1 版		2020 年 12 月第 1 次印刷	
定　　价： 45.00 元			

前　言

　　中国质量认证中心西北评审中心于2016年12月编写了"管理体系标准培训丛书",包括《质量管理体系标准的理解和实施》《环境管理体系标准的理解和实施》《职业健康安全管理体系标准的理解和实施》及《管理体系内审员教程》。该套丛书出版以来,受到企业界的热烈欢迎,已先后在多期管理体系培训班中使用,效果良好。随着《职业健康安全管理体系　要求及使用指南》(GB/T 45001—2020)的发布,我们组织专家对该套丛书中的《职业健康安全管理体系标准的理解和实施》进行了必要的修订,以帮助企业更有效地理解和贯彻国家新标准。

　　《职业健康安全管理体系　要求及使用指南》(GB/T 45001—2020)于2020年3月6日发布并实施,等同于ISO 45001:2018《职业健康安全管理体系　要求及使用指南》。ISO 45001是全球首个ISO职业健康安全标准,它帮助企业为其员工和其他人员提供安全、健康的工作环境,防止职业病及意外情况的发生,并致力于持续改进职业健康安全绩效。

　　GB/T 45001—2020替代了GB/T 28001—2011和GB/T 28002—2011两个标准。该标准与GB/T 28001—2011和GB/T 28002—2011相比,除做了编辑性修改外,主要技术变化如下:采用了《"ISO/IEC导则 第1部分"的ISO补充合并本》附录所给出的ISO管理体系标准通用高层结构;修改了术语和定义;采用了基于风险的思维;更加强调组织环境、工作人员和其他相关方的需求和期望;强化了领导作用;强调了工作人员的协商和参与;细化了危险源辨识和风险评价的要求;对文件化信息的要求更加灵活;细化了运行控制要求;细化了采购控制、承包方控制、外包控制要求;强化了变更管理要求;更加关注职业健康安全绩效、绩效监视和测量等。

　　本书遵循理论和实践相结合的原则,在讲究系统性、规范性的同时,尤其注重可操作性和实用性,既具有一定的理论深度,又有相当的实用价值。

　　本书可作为管理体系内部审核员培训教材,也可作为企业管理者,管理体系咨询人员、审核人员及有关院校师生参考使用。

　　在编写本书过程中,参阅了相关资料,也得到有关人员的支持与帮助,在此,谨向各位深表谢意。

衷心希望本书能够为广大读者提供更多的帮助,进一步得到读者的肯定和欢迎。

由于水平所限,书中难免存在不足之处,恳请广大读者批评指正。

编　者

2020 年 4 月

目　　录

第一章 职业健康安全标准及管理体系

第一节 职业健康安全标准简介

职业健康安全管理一直是企业全面管理的一个组成部分。一个产品,在生产过程中会向外部环境排放各种污染物,不但造成环境污染问题,而且也会带来职业安全和健康危害,因此职业健康安全管理与质量管理、环境管理、过程管理之间存在紧密的联系。有数据表明,工厂伤害、职业病和意外事故所造成的损失,约占企业利润的5%～10%。世界各国对职业健康安全方面的法律法规日趋严格,日益强调对人员安全的保护,有关的配套措施相继出台,各相关方对工作场所及工作条件的要求也在提升。对企业而言,职业健康安全是应尽的社会责任和法律责任。各类企业或组织日益关心如何控制其作业活动、产品和服务对其员工所带来的各种健康风险,并考虑将职业健康安全管理纳入企业日常的管理活动中。

一、职业健康安全管理体系标准的产生和发展

(1)1996年,英国颁布了BS 8800《职业健康安全管理体系指南》。

(2)1996年,美国工业卫生协会制定了《职业健康安全管理体系》指导性文件。

(3)1997年,澳大利亚和新西兰提出了《职业健康安全管理体系原则、体系和支持技术通用指南》草案,日本工业安全卫生协会提出了《职业健康安全管理体系导则》,挪威船级社制定了《职业健康安全管理体系认证标准》。

(4)1999年,英国标准协会、挪威船级社等13个组织提出了职业健康安全评价系列标准,即OHSAS 18001:1999《职业健康安全管理体系 规范》、OHSAS 18002:1999《职业健康安全管理体系 OHSAS 18001 实施指南》。此标准并非国际标准化组织(ISO)制定的,因此不能写成"ISO 18001"。

(5)1999年10月,原国家经贸委颁布了《职业健康安全管理体系试行标准》。

(6)2001年11月12日,国家质量监督检验检疫总局正式颁布了《职业健康安全管理体系规范》(GB/T 28001—2001),自2002年1月1日起实施,属推荐性国家标准。该标准与OHSAS 18001内容基本一致。

(7)2007年7月1日,OHSAS 18001:2007《职业健康安全管理体系 要求》及OHSAS 18002:2007《职业健康安全管理体系 OHSAS 18001 实施指南》标准出台,新标准更加注重健康的管理,提高了与ISO 9001和ISO 14001标准的兼容性。

(8)2011年12月,国家质量监督检验检疫总局和国家标准化管理委员会发布了《职业健康安全管理体系 要求》(GB/T 28001—2011)及《职业健康安全管理体(GB/T 28002—2011)系 实施指南》两个国家标准,并于2012年2月1日正式实施。

(9)2018 年 3 月 12 日,ISO 45001 正式发布。ISO 45001 是全球首个 ISO 职业健康安全标准,它将帮助企业为其员工和其他人员提供安全、健康的工作环境,防止发生死亡、工伤和健康问题,并致力于持续改进职业健康安全绩效。ISO 45001 标准公布之后,将取代 OHSAS 18001 标准。目前拥有 OHSAS 18001 认证的组织会有三年时间过渡到 ISO 45001 认证。

(10)2020 年 3 月 6 日,国家市场监督管理总局和国家标准化管理委员会发布了《职业健康安全管理体系要求及使用指南》(GB/T 45001—2020),替代 GB/T 28001—2011 和 GB/T 28002—2011,并于 2020 年 3 月 6 日正式实施。

二、中国职业健康安全状况

改革开放以来,我国国民经济一直保持着高速增长,但作为社会发展重要标志之一的职业健康安全状况却滞后于经济建设的步伐。重大恶性工伤事故时有发生,职业病患者人数居高不下,安全生产成为困扰我国经济发展的难题。

工伤事故,尤其是重、特大事故的频频发生不仅给人民生命财产造成重大损失,而且影响社会稳定和改革开放的形象。安全生产形势的严峻性还表现在事故隐患大量存在,尚未得到认真整改,令人担忧。正所谓"隐患险于明火",必须做好安全预防工作。

我国职业危害状况也令人担忧。据不完全统计,全国有 50 多万个厂矿存在不同程度的职业危害,实际接触粉尘、毒物和噪声等职业危害的职工有 2 500 万人以上。

我国从事采矿、粗加工和以手工劳动为主的中小企业往往技术落后,作业环境较差,管理水平较低,因此工伤事故与职业危害风险很大。中小企业的职业健康安全已成为我国经济社会发展中的一个问题。

工伤事故和职业危害不但威胁千百万劳动者的生命和健康,也给千千万万个家庭带来了无法挽回的灾难和难以治愈的精神创伤,同时还给国民经济造成了巨大损失。每年因工伤事故直接损失数十亿元人民币,职业病造成的损失近百亿元。据粗略估算,近几年,我国每年因此而造成的损失近 800 亿元人民币。

中共中央、国务院历来重视安全生产和职业病防治,中华人民共和国成立以来,已颁布了近百个有关的法律法规以及检测、诊断标准。2000 年以来又先后做出了三项重大决策。一是成立国家煤矿安全监察局,专司煤矿安全监察执法。二是成立国家安全生产监督管理局,综合管理全国安全生产工作,履行监督管理职能。三是成立国务院安全生产委员会,作为国务院议事协调机构,负责协调安全生产监督管理中的重大问题。国家安全生产监督管理实行分级管理,各级地方政府明确专门机构,具体承担安全生产监督管理综合协调职能;国家煤矿安全监察实行全国垂直管理,统一领导,独立行使煤矿安全监察行政职能。

职业健康安全管理体系的建立和实施,为我国广大企业改善安全生产状况提供了一个科学、有效的手段,越来越引起各级政府和企业领导者的高度重视。我国的安全生产形势对职业健康安全工作提出紧迫而严肃的要求,改善我国职业健康安全状况,大力推行职业健康安全管理体系,从源头识别和控制事故隐患,改善劳动条件已成为职业健康安全工作者刻不容缓的任务,也是中国企业走向国际舞台的必然选择。

三、职业健康安全管理体系的作用和意义

标准的作用和意义如下:

(1)为企业提高职业健康安全绩效提供了一个科学、有效的管理手段。

(2)有助于推动职业健康安全法规和制度的贯彻执行。

（3）会使组织的职业健康安全管理由被动强制性行为转变为主动自愿性行为，提高职业健康安全管理水平。

（4）有助于消除贸易壁垒。

（5）会对企业产生直接和间接的经济效益。

（6）将在社会树立企业良好的品质和形象。

四、将 OHSAS 18001 转化成 ISO 标准的原因

首先，根据调查，目前大约有 45 个国家利用 OHSAS 18001 标准架构管理其职业健康管理、安全管理、卫生管理（简称职安卫）系统。虽然应用范围很广，但并非全球通用，而转化成 ISO 标准，会使其应用范围得到进一步扩大。同时，ISO 标准是全球认可的标准，其更具有权威性。

其次，ISO 拥有国际性的专业知识。通过 ISO 成员组织，各成员国以参与方或者观察员的方式参与到 ISO 45001 的发展中来。

最后，现在许多组织都在使用 ISO 管理体系标准，这将使其与其他职业健康安全标准的整合更加容易。同时，许多小企业，或许只有一个人员在管理安全及环境方面的事宜，制定标准的委员会同样关注其与 ISO 标准相整合的可能性。

五、ISO 45001 的特点

ISO 45001 的构建是在 OHSAS 18001 已有的规范上，都是以提高组织的职业健康安全绩效为主要目标。ISO 45001 特点如下：

（1）使用了 ISO 管理体系的高级结构；

（2）更加关注"组织环境"；

（3）强调最高管理者的职责和领导作用；

（4）更加关注于管理职责；

（5）强调了基于风险的思维；

（6）更加关注于职业健康安全绩效的监视与测量。

在新标准中，一个组织将不仅仅专注于其直接的健康和安全问题，还会考虑到更大的社会期许。组织需要考虑到其分包商和供应商，以及自身的工作会对周围造成怎样的影响。这会比仅仅关注于内部员工的条件更加广泛，意味着组织不能将其风险通过外包"嫁接"出去。

ISO 45001 强调，职业健康和安全因素体现在组织的整个管理体系中，需要从管理和领导层获得更高程度的认可。这对于那些目前习惯于将责任授权给一个安全经理而不是完全地融入组织运行中的使用者来说，将是一个很大的变化。ISO 45001 要求职业健康和安全因素是组织完整管理体系中不可分割的一部分，而不再只是附加的部分。

ISO 45001 要求组织在策划职业健康安全体系时，应确定组织所需要应对的风险和机遇。风险和机遇存在于组织的危险源、合规性，以及所处的环境与相关方需求和期望中。标准要求组织要采取应对风险和机遇的措施，以确保体系能够实现组织的预期结果，实现组织在职业健康安全方面的持续改进。

六、ISO 9001、ISO 14001、ISO 45001 的相同点和不同点

ISO 实施的 ISO 9001、ISO 14001、ISO 45001 三个标准的不同点：

（1）按 ISO 9001 标准建立的质量管理体系，其对象是顾客；

（2）按 ISO 14001 标准建立的环境管理体系，其对象是社会和相关方；

（3）按 ISO 45001 标准建立的职业健康安全管理体系，其对象是员工。

ISO 实施的三个标准的相同点：

（1）组织实施管理的总方针和目标相同；

（2）三项标准使用共同的过程模式结构，结构相似，方便使用；

（3）体系的原理都是 PDCA（策划—实施—检查—改进）循环；

（4）都需要有文件化的管理体系；

（5）都明确要有文件化的职责分工；

（6）都提出了通过体系运行实现持续改进；

（7）都提出了遵守法规和其他要求的承诺；

（8）都提出用内部审核和管理评审来评价体系运行的有效性、适宜性和符合性；

（9）都要求对不符合项进行管理评审并加强培训教育；

（10）都要求组织的最高管理者任命管理者代表，负责建立、保持和实施管理体系。

在我国，大部分组织都是将各个管理体系进行整合运行。质量、环境、职业健康安全管理体系作为 ISO 标准，由于均使用了高阶结构，因此，为体系的整合提供了很大的便利。

第二节　职业健康安全管理体系概述

一、职业健康安全管理体系的运行背景

组织应对工作人员和可能受其活动影响的其他人员的职业健康安全负责，包括促进和保护他们的生理和心理健康。

采用职业健康安全管理体系旨在使组织能够提供健康安全的工作场所，防止与工作相关的伤害和健康损害，并持续改进其职业健康安全绩效。

在职业健康安全领域，国家专门制定了一系列职业健康安全相关法律法规（如《劳动法》《安全生产法》《职业病防治法》《消防法》《道路交通安全法》《矿山安全法》等）。这些法律法规所确立的职业健康安全制度和要求是组织建立和保持职业健康安全管理体系所必须考虑的制度、政策和技术背景。

二、职业健康安全管理体系实施的目的

职业健康安全管理体系的作用是为管理职业健康安全风险和机遇提供一个框架。职业健康安全管理体系的目的和预期结果是防止对工作人员造成与工作相关的伤害和健康损害，并提供健康安全的工作场所。因此，对组织而言，采取有效的预防和保护措施以消除危险源和最大限度地降低职业健康安全风险至关重要。

组织通过其职业健康安全管理体系应用相关措施时，能够提高其职业健康安全绩效。如果及早采取措施以把握改进职业健康安全绩效的机会，职业健康安全管理体系将会更加有效和高效。

实施符合本标准的职业健康安全管理体系，能使组织管理其职业健康安全风险并提升其职业健康安全绩效。职业健康安全管理体系有助于组织满足法律法规要求和其他要求。

三、运行职业健康安全管理体系成功因素

对组织而言，实施职业健康安全管理体系是一项战略和经营决策。职业健康安全管理体

系的成功取决于领导作用、承诺以及组织各层次和职能的参与。

职业健康安全管理体系的实施和保持,其有效性和实现预期结果的能力取决于诸多关键因素。这些关键因素包括以下几个方面:

(1)最高管理者的领导作用、承诺、职责和担当;

(2)最高管理者在组织内建立、引导和促进支持实现职业健康安全管理体系预期结果的文化;

(3)沟通;

(4)工作人员及其代表(若有)的协商和参与;

(5)为保持职业健康安全管理体系所需的资源配置;

(6)符合组织总体战略目标和方向的职业健康安全方针;

(7)辨识危险源、控制职业健康安全风险和利用职业健康安全机遇的有效过程;

(8)为提升职业健康安全绩效而对职业健康安全管理体系绩效的持续监视和评价;

(9)将职业健康安全管理体系融入组织的业务过程;

(10)符合职业健康安全方针并必须考虑组织的危险源、职业健康安全风险和职业健康安全机遇的职业健康安全目标;

(11)符合法律法规要求和其他要求。

成功实施 GB/T 45001—2020 可使工作人员和其他相关方确信组织已建立了有效的职业健康安全管理体系。然而,采用本标准并不能够完全保证可防止工作人员受到与工作相关的伤害和健康损害,组织能提供健康安全的工作场所和改进职业健康安全绩效。

确保组织职业健康安全管理体系成功实施的相关文件化信息的详略水平、复杂性和文件化程度,以及所需资源取决于多方面因素,例如:组织所处的环境(如工作人员数量、规模、地理位置、文化、法律法规要求和其他要求);组织职业健康安全管理体系的范围;组织活动的性质和相关的职业健康安全风险。

四、职业健康安全管理体系运行模式

GB/T 45001—2020 中所采用的职业健康安全管理体系的方法是基于"策划—实施—检查—改进"即 PDCA 的概念。

PDCA 概念是一个迭代过程,可被组织用于实现持续改进。它可应用于管理体系及其每个单独的要素,具体如下:

策划(Plan):确定和评价职业健康安全风险、职业健康安全机遇以及其他风险和其他机遇,制定职业健康安全目标并建立所需的过程,以实现与组织职业健康安全方针相一致的结果。

实施(Do):实施所策划的过程。

检查(Check):依据职业健康安全方针和目标,对活动和过程进行监视和测量,并报告结果。

改进(Act):采取措施持续改进职业健康安全绩效,以实现预期结果。

GB/T 45001—2020 将 PDCA 概念融入一个新框架中,如图 1-1 所示。

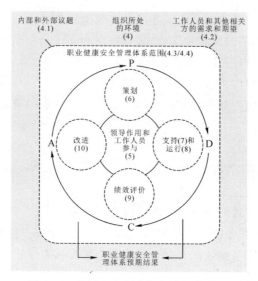

图 1-1　PDCA 与标准框架之间的关系

注:括号内的数字是指本标准的相应章条号

五、职业健康安全管理体系标准内容

GB/T 45001—2020 符合国际标准化组织对管理体系标准的要求。这些要求包括一个统一的高层结构和相同的核心正文以及具有核心定义的通用术语,旨在方便本标准的使用者实施多个 ISO 管理体系标准。

尽管本标准的要素可与其他管理体系兼容或整合,但标准中并不包含针对其他主题(如质量、社会责任、环境、治安保卫或财务管理等)的要求。

GB/T 45001—2020 包含了组织可用于实施职业健康安全管理体系和开展符合性评价的要求。希望证实符合本标准的组织可通过以下方式来实现:

(1)开展自我评价和声明。

(2)寻求组织的相关方(如顾客)对其符合性进行确认。

(3)寻求组织的外部机构对其自我声明的确认。

(4)寻求外部组织对其职业健康安全管理体系进行认证或注册。

本标准的第 1 章至第 3 章阐述了适用于本标准的范围、规范性引用文件以及术语和定义,第 4 章至第 10 章包含了可用于评价与本标准符合性的要求。

本标准使用以下助动词:

(1)"应"(shall)表示要求。

(2)"宜"(should)表示建议。

(3)"可以"(may)表示允许。

(4)"可、可能、能够"(can)表示可能性或能力。

标记"注"的信息是理解或澄清相关要求的指南。第 3 章中的"注"提供了增补术语资料的补充信息,包括使用术语的相关规定。

职业健康安全管理体系的详细及复杂程度、文件化的范围及所投入资源等,取决于多方面因素,例如体系的范围,组织的规模及其活动、产品和服务的性质,组织的文化,等等。中小型企业尤其如此。

第二章 《职业健康安全管理体系 要求及使用指南》标准理解(GB/T 45001—2020)

职业健康安全管理体系的作用是为管理职业健康安全风险和机遇提供一个框架。职业健康安全管理体系的目的和预期结果是防止对工作人员造成与工作相关的伤害和健康损害,并为其提供健康安全的工作场所。因此,对组织而言,采取有效的预防和保护措施以消除危险源和最大限度地降低职业健康安全风险至关重要。

实施符合本标准的职业健康安全管理体系,能使组织防范其职业健康安全风险并提升其职业健康安全绩效。职业健康安全管理体系可有助于组织满足法律法规要求和其他要求。

本章将阐明职业健康安全管理体系要求的全部内容,对标准的各项要求分别从标准要求、相关术语/词语、理解要求、举例、审核要求等方面予以阐述。本章旨在帮助读者正确理解该标准的内涵,以利于结合本组织的活动、产品和服务的类型与特点,建立职业健康安全管理体系,或者将职业健康安全管理体系纳入组织的一体化管理体系,确保职业健康安全管理体系的适宜性、充分性和有效性。

第一节 范 围

【标准要求】

本标准规定了职业健康安全(OH&S)管理体系的要求,并给出了其使用指南,以使组织能够通过防止与工作相关的伤害和健康损害以及主动改进其职业健康安全绩效来提供安全和健康的工作场所。

本标准适用于任何具有以下愿望的组织:通过建立、实施和保持职业健康安全管理体系,以改进健康安全、消除危险源并尽可能降低职业健康安全风险(包括体系缺陷)、利用职业健康安全机遇,以及应对与其活动相关的职业健康安全管理体系不符合。

本标准有助于组织实现其职业健康安全管理体系的预期结果。依照组织的职业健康安全方针,其职业健康安全管理体系的预期结果包括:

a)持续改进职业健康安全绩效;

b)满足法律法规要求和其他要求;

c)实现职业健康安全目标。

本标准适用于任何规模、类型和活动的组织。它适用于组织控制下的职业健康安全风险,这些风险必须考虑到诸如组织运行所处环境、组织工作人员和其他相关方的需求和期望等因素。

本标准既不规定具体的职业健康安全绩效准则,也不提供职业健康安全管理体系的设计规范。

本标准使组织能够借助其职业健康安全管理体系整合健康和安全的其他方面,如工作人员的福利和(或)幸福等。

本标准不涉及对工作人员和其他相关方的风险以外的议题,如产品安全、财产损失或环境影响等。

本标准能够全部或部分地用于系统改进职业健康安全管理。然而,只有当本标准的所有要求均被包含在了组织的职业健康安全管理体系中并全部得到满足,有关符合本标准的声明才能被认可。

【相关术语/词语】

(1)范围:指界限,限制,一定的时间和空间限定,上下四周的界限。此处是指本标准的适用范围。

(2)3.1 组织 organization。

为实现目标(3.16),由职责、权限和相互关系构成自身功能的一个人或一组人。

注1:组织包括但不限于个体经营者、公司、集团、商行、企事业单位、行政管理机构、合伙制企业、慈善机构或社会机构,或者上述组织的某部分或其组合,无论是否为法人组织、公有或私有。

注2:该术语和定义是《"ISO/IEC导则 第1部分"的ISO补充合并本》附录SL所给出的ISO管理体系标准的通用术语和核心定义之一。

(3)3.10 管理体系 management system。

组织(3.1)用于建立方针(3.14)和目标(3.16)以及实现这些目标的过程(3.25)的一组相互关联或相互作用的要素。

注1:一个管理体系可针对单个或多个领域。

注2:体系要素包括组织的结构、角色和职责、策划、运行、绩效评价和改进。

注3:管理体系的范围可包括整个组织,组织中具体且可识别的职能或部门,或者跨组织的一个或多个职能。

注4:该术语和定义是《"ISO/IEC导则 第1部分"的ISO补充合并本》附录SL所给出的ISO管理体系标准的通用术语和核心定义之一。为了澄清某些更广泛的管理体系要素,注2做了改写。

(4)职业健康安全管理体系 occupational health and safety management system。

用于实现职业健康安全方针(3.15)的管理体系(3.10)或管理体系的一部分。

注1:职业健康安全管理体系的目的是防止对工作人员(3.3)的伤害和健康损害(3.18),以及提供健康安全的工作场所(3.6)。

注2:职业健康安全(OH&S)与职业安全健康(OSH)同义。

(5)3.28 职业健康安全绩效 occupational health and safety performance。

与防止对工作人员(3.3)的伤害和健康损害(3.18)以及提供健康安全的工作场所(3.6)的有效性(3.13)相关的绩效(3.27)。

(6)3.9 法律法规要求和其他要求 legal requirements and other requirements。

组织(3.1)必须遵守的法律法规要求,以及组织必须遵守或选择遵守的其他要求(3.8)。

注1:对本标准而言,法律法规要求和其他要求是与职业健康安全管理体系(3.11)相关的要求。

注2:法律法规要求和其他要求包括集体协议的规定。

注3:法律法规要求和其他要求包括依法律、法规、集体协议和惯例而确定的工作人员(3.3)代表的要求。

(7)3.17 职业健康安全目标 occupational health and safety objective。

组织(3.1)为实现与职业健康安全方针(3.15)相一致的特定结果而制定的目标(3.16)。

【理解要求】

(1)这里讲的范围是职业健康安全管理体系标准适用的范围。不要与组织建立的职业健康安全管理体系的范围混淆。

(2)职业健康安全管理体系预期结果包括：

1)持续改进职业健康安全绩效；

2)满足法律法规要求和其他要求；

3)实现职业健康安全目标。

(3)本标准适用于任何具有以下愿望的组织：通过建立、实施和保持职业健康安全管理体系，以改进健康安全、消除危险源并尽可能降低职业健康安全风险(包括体系缺陷)、利用职业健康安全机遇，以及应对与其活动相关的职业健康安全管理体系不符合。它适用于任何规模、类型和活动的组织。

(4)本标准不涉及对工作人员和其他有关相关方的风险以外的议题，如产品安全、财产损失或环境影响等。它能够全部或部分地用于系统改进职业健康安全管理。

第二节　规范性引用文件

【标准要求】

> 无规范性引用文件。

【理解要求】

这是国际标准的通用格式。

第三节　术语和定义

【标准要求】

> 下列术语和定义适用于本标准。
>
> (1)组织 organization。
>
> 为实现目标(3.16)，由职责、权限和相互关系构成自身功能的一个人或一组人。
>
> 注1：组织包括但不限于个体经营者、公司、集团、商行、企事业单位、行政管理机构、合伙制企业、慈善机构或社会机构，或者上述组织的某部分或其组合，无论是否为法人组织、公有或私有。
>
> 注2：该术语和定义是《"ISO/IEC导则第1部分"的ISO补充合并本》附录SL所给出的ISO管理体系标准的通用术语和核心定义之一。
>
> (2)相关方 interested party(首选术语)；
>
> 　　利益相关方 stakeholder(许用术语)。
>
> 可影响决策或活动、受决策或活动所影响，或者自认为受决策或活动影响的个人或组织(3.1)。
>
> 注：该术语和定义是《"ISO/IEC导则第1部分"的ISO补充合并本》附录SL所给出的ISO管理体系标准的通用术语和核心定义之一。
>
> 其余术语略。

【相关术语/词语】

(1)术语(terminology):在特定学科领域用来表示概念称谓的集合。术语源于概念,是概念更高层次的概括。

(2)定义(definition):对术语的内涵或词语的意义所做的简要而准确的描述(解释)。

【理解要求】

(1)术语和定义部分做了较大调整和变动,包括以下几个方面:

1)新增加 21 个术语:工作人员、参与、协商、承包方、要求、法律法规要求和其他要求、管理体系、最高管理者、有效性、方针、目标、职业健康安全风险、职业健康安全机遇、能力、文件化信息、绩效、过程、外包、监视、测量、符合。

2)取消了 7 个术语:可接受风险、预防措施、记录、文件、风险评价、危险源辨识、职业健康安全。

3)变化较大的术语:危险源、健康损害、工作场所、相关方、事件、风险。

(2)与职业健康安全管理体系相关的共有 37 个术语:3.1 组织;3.2 相关方;3.3 工作人员;3.4 参与;3.5 协商;3.6 工作场所;3.7 承包方;3.8 要求;3.9 法律法规要求和其他要求;3.10 管理体系;3.11 职业健康安全管理体系;3.12 最高管理者;3.13 有效性;3.14 方针;3.15 职业健康安全方针;3.16 目标;3.17 职业健康安全目标;3.18 伤害和健康损害;3.19 危险源;3.20 风险;3.21 职业健康安全风险;3.22 职业健康安全机遇;3.23 能力;3.24 文件化信息;3.25 过程;3.26 程序;3.27 绩效;3.28 职业健康安全绩效;3.29 外包;3.30 监视;3.31 测量;3.32 审核;3.33 符合;3.34 不符合;3.35 事件;3.36 纠正措施;3.37 持续改进。

(3)术语的定义将在附录一中标准相关术语中介绍。

第四节　组织所处的环境

【标准要求】

> **4.1 理解组织及其所处的环境**
>
> 组织应确定与其宗旨相关并影响其实现职业健康安全管理体系预期结果的能力的内部和外部议题。

【相关术语/词语】

(1)3.1 组织 organization。为实现目标(3.16),由职责、权限和相互关系构成自身功能的一个人或一组人。

注 1:组织包括但不限于个体经营者、公司、集团、商行、企事业单位、行政管理机构、合伙制企业、慈善机构或社会机构,或者上述组织的某部分或其组合,无论是否为法人组织、公有或私有。

注 2:该术语和定义是《"ISO/IEC 导则第 1 部分"的 ISO 补充合并本》附录 SL 所给出的 ISO 管理体系标准的通用术语和核心定义之一。

(2)确定:固定,明确肯定。

(3)宗旨:主要的目的和意图。

(4)3.10 管理体系 management system。组织(3.1)用于建立方针(3.14)和目标(3.16)以及实现这些目标的过程(3.25)的一组相互关联或相互作用的要素。

注 1:一个管理体系可针对单个或多个领域。

注2:体系要素包括组织的结构、角色和职责、策划、运行、绩效评价和改进。

注3:管理体系的范围可包括整个组织,组织中具体且可识别的职能或部门,或者跨组织的一个或多个职能。

(5)3.11 职业健康安全管理体系 OH&S management system。用于实现职业健康安全方针(3.15)的管理体系(3.10)或管理体系的一部分。

注1:职业健康安全管理体系的目的是防止对工作人员(3.3)的伤害和健康损害(3.18),以及提供健康安全的工作场所(3.6)。

注2:职业健康安全(OH&S)与职业安全健康(OSH)同义。

(6)影响:起作用,施加作用。以间接或无形的方式来作用或改变人或事的行为、思想或性质。

(7)预期结果:指在某事、某计划发生或实施之前,人们对其最终形成的结果有一个预先的期望和猜想,希望此事能够达到某种结果。它不是事件真实的结果,只是人们的一个期望的结果值。

(8)3.23 能力 competence。运用知识和技能实现预期结果的本领。

(9)议题:一般指会议讨论的题目。其中的"题"可以理解为"题目、主题或题项"等,"议"可以理解为"讨论或商议"等。但不一定有"题"就必须"议定或上会讨论"。

【理解要求】

(1)理解组织及其所处环境,有助于建立、实施、保持和持续改进其职业健康安全管理体系。内部和外部议题可能是正面的或负面的,并包含了能够影响职业健康安全管理体系的条件、特征或变化情况,也包含了职业健康安全有关的法律法规和其他要求的发展。《孙子·谋攻篇》说:"知己知彼,百战不殆。"组织是否要建立职业健康安全管理体系,如何实施和保持职业健康安全管理体系,都应该理解组织及其所处的环境,才能保证决策的正确。

(2)职业健康安全管理体系的预期结果:

1)持续改进职业健康安全绩效;

2)满足法律法规要求和其他要求;

3)实现职业健康安全目标。

【举例】

(1)外部议题:

1)文化、社会、政治、法律、金融、技术、经济和自然环境以及市场竞争,无论是国际的、国内的、区域的,还是地方的;

2)新加入的竞争对手、承包方、分包方、供方、合作伙伴和供应商,以及新技术、新法律和新出现的职业;

3)有关产品的新知识及其对健康和安全的影响;

4)与行业或专业相关的、对组织有影响的关键驱动因素和趋势;

5)与其外部相关方之间的关系,以及外部相关方的观念和价值观;

6)与上述各项有关的变化。

(2)内部议题:

1)治理、组织结构、角色和责任;

2)方针、目标及其实现的策略;

3)能力,可理解为资源、知识和技能(如资金、时间、人力资源、过程、系统和技术);

4)信息系统、信息流及决策过程(正式的和非正式的);

5)新的产品、材料、服务、工具、软件、场所和设备的引入;

6)与工作人员的关系,以及他们的观念和价值观。

7)组织文化;

8)组织所采用的标准、指南和模型;

9)合同关系的形式和范围,包括诸如外包活动等;

10)工作时间安排;

11)工作条件;

12)与上述各项有关的变化。

【审核要求】

(1)组织在建立、实施和保持职业健康安全管理体系时,是否确定了哪些是与其宗旨相关,并影响其实现职业健康安全管理体系预期结果的能力的外部和内部议题。理解组织及其所处的环境,才能保证决策的正确,使组织立于不败之地。

(2)通过与管理层的交流与沟通,了解组织管理层是怎样理解组织所处的环境,确定了哪些与其宗旨相关并影响其实现职业健康安全管理体系预期结果的能力的外部和内部议题。

【标准要求】

4.2 理解工作人员和其他相关方的需求和期望

组织应确定:

a)除工作人员之外的、与职业健康安全管理体系有关的其他相关方;

b)工作人员及其他相关方的有关需求和期望(即要求);

c)这些需求和期望中哪些是或将可能成为法律法规要求和其他要求。

【相关术语/词语】

(1)工作人员 worker。在组织(3.1)控制下开展工作或与工作相关的活动的人员。

注1:在不同安排下,人员有偿或无偿地开展工作或与工作相关的活动,如定期的或临时的、间歇性的或季节性的、偶然的或兼职的等。

注2:工作人员包括最高管理者(3.12)、管理类人员和非管理类人员。

注3:根据组织所处的环境,在组织控制下所开展的工作或与工作相关的活动可由组织雇佣的工作人员、外部供方的工作人员、承包方、个人、外部派遣工作人员,以及其工作或与工作相关的活动在一定程度上受组织共同控制的其他人员来完成。

(2)相关方 interested party(首选术语);

利益相关方 stakeholder(许用术语)。

可影响决策或活动、受决策或活动所影响,或者自认为受决策或活动影响的个人或组织(3.1)。

(3)需求:索取,求索,需要,要求。

(4)期望:希望,等待。

(5)法律法规要求和其他要求 legal requirements and other requirements。组织(3.1)必

须遵守的法律法规要求,以及组织必须遵守或选择遵守的其他要求(3.8)。

注1:对本标准而言,法律法规要求和其他要求是与职业健康安全管理体系(3.11)相关的要求。

注2:"法律法规要求和其他要求"包括集体协议的规定。

注3:法律法规要求和其他要求包括依法律、法规、集体协议和惯例而确定的工作人员(3.3)代表的要求。

【理解要求】

(1)组织首先应确定除工作人员之外,还有哪些是与职业健康安全管理体系有关的其他相关方;其次应确定工作人员及其他相关方的有关需求和期望是什么。同时还应确定这些需求和期望中哪些是或将可能成为法律法规要求和其他要求。这对建立、实施和持续改进职业健康安全管理体系是必须的。

(2)组织的生存,客观上离不开相关方,"共生"是永恒的自然生存法则。组织的相关方很多,与职业健康安全管理体系的相关方是指可影响决策或活动、受决策或活动所影响,或者自认为受决策或活动影响的个人或组织。

(3)对工作人员和相关方的需求和期望应进行确定,同时,还应确定其中哪些需求和期望要成为组织的合规性义务。因为有些需求和期望具有强制性,如已被纳入法律法规的需求和期望。对于其他需求和期望,组织也可决定是否自愿接受或采纳(如签署自愿性倡议)。组织一旦采纳这些需求和期望,就要在策划和建立职业健康安全管理体系时予以应对。

(4)组织应该清楚相关方及其需求和期望是不断变化的,因此组织应对这些相关方及其要求的信息进行监视和评审,这也是组织进行正确决策的基础。

【举例】

(1)相关方:

1)法律法规监管机构(当地的、地区的、省/直辖市/自治区的、国家的或国际的);

2)上级组织;

3)供方、承包方、分包方;

4)工作人员代表;

5)工作人员组织(工会)和雇主组织;

6)所有者、股东、客户、访问者、组织所在社区和邻居以及一般公众;

7)顾客、医疗和其他社区服务机构、媒体、学术界、商业协会和非政府组织;

8)职业健康安全组织、职业安全和健康护理方面的专业人员。

(2)适用的法律法规要求:

1)国家或国际法律法规要求;

2)省部级的法律法规要求;

3)地方性法律法规要求。

(3)其他要求:

1)自愿性承诺;

2)组织的和行业的标准;

3)合同关系;

4)实施规则;

5)与社会团体和非政府组织达成的协议等。

(4)相关方及其需求和期望(见表2-1)。

表 2-1 相关方及其需求和期望

关系	相关方示例	需求和期望示例
责任关系	投资者	期望组织妥善应付职业健康安全风险和机遇,保证投资者的效益
影响关系	非政府组织	需要组织的合作来实现非政府组织的职业健康安全目标
近邻关系	邻近居民	期望组织具有社会可接受的安全绩效,且诚实和正直
依存关系	员工(在组织的控制下工作的人)	期望在健康、安全的环境下工作
代表关系	行业协会组织	需要在职业健康安全事项上的合作
权力关系	监管或法定机构	期望组织证实遵守职业健康安全相关的法律法规和其他要求

【审核要求】

(1)审核员在审核本条款要求时,应关注组织在建立和实施职业健康安全管理体系时,组织是否确定了工作人员及与职业健康安全管理体系有关的相关方及其需求和期望,其中哪些成为法律法规要求和其他要求。查阅相关结果的记录。

(2)通过与管理层的交流与沟通,了解组织通过哪些方法确定与职业健康安全管理体系有关的相关方,是否建立了确定与职业健康安全管理体系有关的相关方的准则,通过哪些活动了解相关方的需求和期望,如何确定其中某些需求和期望成为组织的法律法规要求和其他要求。

【标准要求】

4.3　确定职业健康安全管理体系的范围

组织应界定职业健康安全管理体系的边界和适用性,以确定其范围。

在确定范围时,组织:

a)应考虑 4.1 中所提及的内部和外部议题;

b)必须考虑 4.2 中所提及的要求;

c)必须考虑所计划的或实施的与工作相关的活动。

职业健康安全管理体系应包括在组织控制下或在其影响范围内可能影响组织职业健康安全绩效的活动、产品和服务。

范围应作为文件化信息可被获取。

【相关术语/词语】

(1)确定:固定,明确肯定之意。

(2)3.11 职业健康安全管理体系 occupational health and safety management system;
　　　职业健康安全管理体系 OH&S management system。

用于实现职业健康安全方针(3.15)的管理体系(3.10)或管理体系的一部分。

注 1:职业健康安全管理体系的目的是防止对工作人员(3.3)的伤害和健康损害(3.18),以及提供健康安全的工作场所(3.6)。

注 2:职业健康安全(OH&S)与职业安全健康(OSH)同义。

（3）范围：指界限、限制。

（4）3.24 文件化信息 documented information。组织（3.1）需要控制并保持的信息及其载体。

注 1：文件化信息可以任何形式和载体存在，并可来自任何来源。

注 2：文件化信息可涉及：

1）管理体系（3.10），包括相关过程（3.25）；

2）为组织运行而创建的信息（文件）；

3）结果实现的证据（记录）。

【理解要求】

（1）组织可以自主灵活地界定职业健康安全管理体系的边界和适用性。边界和适用性可包括整个组织，或组织的特定部分，只要该部分的最高管理者自身拥有建立职业健康安全管理体系的职能、职责和权限。

（2）组织职业健康安全管理体系的可信度取决于边界的选定。范围不可用来排除影响或可能影响组织职业健康安全绩效的活动、产品和服务，或规避法律法规要求和其他要求。范围是对包含在职业健康安全管理体系边界内的组织运行的真实并具代表性的声明，不可对相关方造成误导。

（3）在确定范围时，考虑所计划的或实施的与工作相关的活动，同时也要考虑标准条款 4.1 和 4.2 中确定的各种内部和外部议题和相关方的要求。

（4）确定了职业健康安全管理体系的范围后，要形成文件化信息，并可为相关方获取。

【举例】

某皮鞋厂职业健康安全管理体系范围的描述：

本所描述的职业健康安全管理体系适用于军用皮鞋、特种劳动保护鞋、各式民用系列皮鞋的开发、生产及其活动。

公司依据 GB/T 45001—2020 标准建立职业健康安全管理体系应用标准。

【审核要求】

（1）审核员在审核本条款要求时，应该分清认证范围与审核范围的联系：依据组织提出的申请认证范围来确定具体的审核范围，根据已审核的范围及审核结论，确定与批准最终的认证范围。在设立范围时，职业健康安全管理体系的可信性取决于组织的边界选择。范围不可用来排除影响或可能影响组织职业健康安全绩效的活动、产品和服务，或规避法律法规要求和其他要求。范围是对包含在职业健康安全管理体系边界内的组织运行的真实并具代表性的声明，不可对相关方造成误导。

（2）某一次具体审核的审核范围不一定完全一致。例如：监督审核的审核范围所包括的内容通常可能少于认证范围所涉及的内容；对于多场所的组织，由于可以在一定的原则下进行抽样，一次具体审核的审核范围可以覆盖部分场所，而认证范围则包括申请认证的所有部门。

（3）审核员应关注组织是否将确定的职业健康安全管理体系范围形成了文件化的信息，形成了文件的信息是如何为相关方所获取的。

【标准要求】

4.4　职业健康安全管理体系

组织应按照本标准的要求建立、实施、保持和持续改进职业健康安全管理体系，包括所需的过程及其相互作用。

【相关术语/词语】

(1)建立:设置、设立、制定、订立。

(2)实施:实际的行为、实践、实际施行。

(3)保持:保留或维持(原状),保全,保护使不受损害。

(4)3.25 过程 process。将输入转化为输出的一系列相互关联或相互作用的活动。

(5)持续改进 continual improvement。提高绩效(3.27)的循环活动。

注1:提高绩效涉及使用职业健康安全管理体系(3.11),以实现与职业健康安全方针(3.15)和职业健康安全目标(3.17)相一致的整体职业健康安全绩效(3.27)的改进。

注2:持续并不意味着不间断,因此活动不必同时在所有领域发生。

【理解要求】

(1)组织有权力、责任和自主性来决定如何满足本标准的要求,包括下列事项的详略水平和程度:

1)建立一个或多个过程,以确信它们按照策划得到控制和实施,并实现职业健康安全管理体系的预期结果;

2)将职业健康安全管理体系要求融入其各项业务过程(如设计和开发、采购、人力资源、营销和市场等)中。

(2)如果在组织的一个或多个特定部分实施本标准,则可采用组织其他部分所建立的方针和过程来满足本标准要求,只要它们适用于该特定部分且符合本标准的要求。示例包括:公司的职业健康安全方针,教育、培训和能力方案,采购控制,等等。

【举例】

过程是一组将输入转换为输出的相互关联或相互作用的活动。这些过程可以通过应用软件和模板的支持,成文在程序、作业指导书、方法说明书、流程图或工作流程等中。

根据标准要求,组织至少应建立如下的过程:

(1)建立工作人员的协商和参与的过程;

(2)建立危险源辨识的过程;

(3)建立职业健康安全风险和职业健康安全管理体系的其他风险的评价过程;

(4)建立职业健康安全机遇和职业健康安全管理体系的其他机遇的评价过程;

(5)建立法律法规要求和其他要求的确定过程;

(6)建立内外部沟通的过程;

(7)建立消除危险源和降低职业健康安全风险过程;

(8)建立变更管理过程;

(9)建立控制产品和服务采购的过程;

(10)建立应急准备和响应过程;

(11)建立监视、测量、分析和评价绩效的过程;

(12)建立对法律法规要求和其他要求的合规性进行评价的过程;

(13)建立确定和管理事件和不符合过程。

【审核要求】

(1)审核员在审核本条款要求时,关注组织建立、实施的职业健康安全管理体系是否建立了过程、建立的过程是否与其各业务过程整合。

（2）通过对标准其他各条款的审核,汇总组织实施职业健康安全管理体系所有要求的绩效,才能综合评价组织建立、实施的职业健康安全管理体系的适宜性、充分性和有效性。

第五节　领导作用和工作人员参与

【标准要求】

> **5.1　领导作用和承诺**
>
> 最高管理者应通过以下方式证实其在职业健康安全管理体系方面的领导作用和承诺：
>
> a)对防止与工作相关的伤害和健康损害以及提供健康安全的工作场所和活动全面负责并承担责任；
>
> b)确保职业健康安全方针和相关职业健康安全目标得以建立,并与组织战略方向相一致；
>
> c)确保将职业健康安全管理体系要求融入组织业务过程之中；
>
> d)确保可获得建立、实施、保持和改进职业健康安全管理体系所需的资源；
>
> e)就有效的职业健康安全管理和符合职业健康安全管理体系要求的重要性进行沟通；
>
> f)确保职业健康安全管理体系实现其预期结果；
>
> g)指导并支持人员为职业健康安全管理体系的有效性做出贡献；
>
> h)确保并促进持续改进；
>
> i)支持其他相关管理人员证实在其职责范围内的领导作用；
>
> j)在组织内建立、引导和促进支持职业健康安全管理体系预期结果的文化；
>
> k)保护工作人员不因报告事件、危险源、风险和机遇而遭受报复；
>
> l)确保组织建立和实施工作人员的协商和参与的过程(见5.4)；
>
> m)支持健康安全委员会的建立和运行[见5.4e)1)]。
>
> 注:本标准所提及的"业务"可从广义上理解为涉及组织存在目的的那些核心活动。

【相关术语/词语】

（1）3.12最高管理者 top management。在最高层指挥和控制组织(3.1)的一个人或一组人。

注1:在保留对职业健康安全管理体系(3.11)承担最终责任的前提下,最高管理者有权在组织内授权和提供资源。

注2:若管理体系(3.10)的范围仅覆盖组织的一部分,则最高管理者是指那些指挥和控制该部分的人员。

（2）作用:对事物产生的影响、效果。

（3）承诺:答应办理事情。

【理解要求】

（1）组织最高管理者的领导作用和承诺(包括意识、响应、积极地支持和反馈)是职业健康安全管理体系成功并实现其预期结果的关键,为此,最高管理者负有亲自参与或指导的特定职责。

（2）本条款提出,最高管理者的领导作用和承诺在职业健康安全管理体系中具体应表现在以下13个方面:(在质量管理体系中是10个方面,环境管理体系中是9个方面,请读者关注它们的异同)

1)责任担当——对防止与工作相关的伤害和健康损害以及提供健康安全的工作场所和活动全面负责并承担责任。

最高管理者应对职业健康安全体系的有效性负责,对保护员工的与工作相关的健康和安全承担全部职责和责任。这既是最高管理者对所有组织内的员工及相关方的管理承诺,也是法律法规对最高管理者提出的要求。

2)明确方向——确保职业健康安全方针和相关职业健康安全目标得以建立,并与组织战略方向相一致。

最高管理者应通过建立职业健康安全方针和目标明确职业健康安全管理的方向,指引员工沿着正确的方向前进,体现最高管理者的领航和引导作用。建立职业健康安全方针和目标的目的在于满足组织的行动纲领及其应履行的职业健康安全责任,职业健康安全目标确定了组织职业健康安全管理的绩效水平,并以此为后续评价行动提供了依据。最高管理者应确保职业健康安全方针和目标与组织的战略方向一致,并考虑了组织所处的运营环境及其风险。

3)过程融合——确保职业健康安全管理体系要求融入组织的业务过程。

最高管理者应重视职业健康安全管理的过程,将职业健康安全体系要求融入组织的业务过程中。将职业健康安全管理体系与业务过程进行融合,有助于组织通过过程和资源的分享,使运作更有效,从而可以使职业健康安全管理体系为组织减少损失,进而降低生产成本。组织可以根据自己的实际情况决定职业健康安全管理体系与各业务职能的融合程度以及融合方式,并通过持续改进不断提高其融合度。

4)资源保障——确保可获得建立、实施、保持和改进职业健康安全管理体系所需的资源。

职业健康安全管理体系在建立、实施、保持和持续改进的各个阶段都需要必要的资源支持,才能保证其得到有效的实施,实现预期的结果。最高管理者应确保能够准确地识别相关的资源需求,并及时、有效地提供适宜的资源,以支持职业健康安全管理体系的实施。资源可包括人力资源(包括必要的技能和知识)、自然资源、基础设施(包括组织的建筑、设备、安保设施等)、技术及财务资源等。

5)形成共识——就有效的职业健康安全管理和符合职业健康安全管理体系要求的重要性进行沟通。

最高管理者应就有效的职业健康安全管理和符合职业健康安全管理体系要求的重要性在组织内进行沟通,有效的沟通可以帮助员工更加准确地理解决策、消除误解、形成共识,藉此可以强化员工的职业健康安全意识,促进员工能够更加自觉地遵守职业健康安全管理体系要求、履行合规义务。最高管理者可以根据组织的实际情况,确定沟通的方式,如座谈会、宣传、培训等。

6)关注结果——确保职业健康安全管理体系实现其预期结果。

最高管理者要确保职业健康安全管理体系实现预期的结果,即提升职业健康安全绩效、履行合规性义务、实现职业健康安全目标。为此,最高管理者应确保在职业健康安全管理体系策划阶段就考虑与之有关的事项,如确定重要危险源、管理合规义务、确定应对风险和机遇的措施、建立职业健康安全目标及策划实现措施等,并确定职业健康安全管理体系能够按照策划要求得到实施和保持。最高管理者还应确保在组织内实施有效的监视、测量、分析和评价活动,以及时、准确地获取有关结果是否得以实现的信息,并为提升职业健康安全绩效而持续改进职业健康安全管理体系。

7)提高意识——指导并支持人员为职业健康安全管理体系的有效性做出贡献。

各级员工都是组织之本,只有他们充分参与才能使他们的才能为组织带来效益,才能确保职业健康安全管理体系能够有效实施。最高管理者应通过各种方式指导并支持员工对职业健康安全管理体系的有效性做出贡献,如合理化建议制度、沟通、激励等,在组织内形成良好氛围,激发员工的主观能动性,促进组织的全体人员能够更加积极地参与到职业健康安全管理事务中。

8)促进改进——确保并促进持续改进。

持续改进是组织永恒的追求,组织应通过持续改进职业健康安全管理体系的适宜性、充分性、有效性,提升职业健康安全绩效。最高管理者应促进持续改进活动的实施,在组织内建立起持续改进的机制,以有效地发现改进的机会并予以实施。

9)团队合作——支持其他相关管理人员证实在其职责范围内的领导作用。

最高管理者对职业健康安全管理体系的有效性负责但其不必亲自参与每一项具体活动(但也不是任何一项具体活动也不参加)。最高管理者可向其他管理者委派这些任务,并有责任和义务确保相关行动得到实施。最高管理者需要通过合理的授权等方式支持承担特定管理职责的其他管理者开展工作,在他们负责的领域发挥其影响力和作用,以确保职业健康安全管理体系的有效实施。

10)安全文化——在组织内建立、引导和宣传支持职业健康安全管理体系预期结果的文化。

安全文化就是安全理念、安全意识以及在其指导下的各项行为的总称,主要包括安全观念、行为安全、系统安全、工艺安全等。所有的事故都是可以防止的,所有安全操作隐患都是可以控制的。安全文化的核心是以人为本,最高管理者需要将安全责任落实到企业全员的具体工作中,通过对员工进行安全价值观和安全行为规范的培训,在企业内部营造自我约束、自主管理和团队管理的安全文化氛围,最终实现持续改善安全绩效、建立安全生产长效机制的目标。

11)保护员工——保护工作人员不因报告事件、危险源、风险和机遇而遭受报复。

最高管理者证实其领导作用的一个重要方式是鼓励工作人员报告事件、危险源、风险和机遇,并保护其免遭报复(例如,当他们这样做时会面临解雇或纪律处分的威胁)。

12)协商参与——确保组织建立和实施职业健康安全管理体系时工作人员的协商和参与。

工作人员及其代表(若有)的协商和参与是职业健康安全管理体系取得成功的关键因素。最高管理者宜通过建立过程而对此予以鼓励。

13)支持运行——支持健康安全委员会的建立和运行。

没有强制,但最高管理者应鼓励成立健康安全委员会参与职业健康安全管理体系的活动。

【举例】

(1)与该条款相关的可能开展的活动如下:

1)在整个组织内,就其使命、愿景、战略、方针和过程进行沟通;

2)在组织的所有层级创建并保持共同的价值观,公平和道德的行为模式;

3)培育诚信和正直的文化;

4)鼓励在整个组织范围内履行对职业健康安全的承诺;

5)确保各级领导者成为组织人员中的楷模;

6)为人员提供履行职责所需的资源、培训和权限;

7)激发、鼓励和表彰人员的贡献。

(2)与该条款相关的活动其典型输出可能包括:

1)最高管理者行为、态度和决定的一致性;

2)最高管理者对待职业健康安全管理体系日常的态度;

3)最高管理者在职业健康安全管理体系运行过程中以身作则的行为;

4)最高管理者对职业健康安全管理体系的书面承诺;

5)组织有效的内部沟通;

6)组织职业健康安全管理体系绩效结果。

【审核要求】

(1)审核员在审核本条款要求时没有整齐划一的方法和方式,但通过与最高管理者的交谈,听取最高管理者对于如何实践本条款要求的直接解释是便捷的途径。

(2)审核员还可以通过审核各个职业部门后获得的各类信息,对其进行综合评价后,得出最高管理者在职业健康安全管理体系的领导作用和承诺是如何体现的结论。

(3)标准要求的条款中,标明"确保"的内容,是最高管理者可将职责委托管理体系中的其他人员或部门来实现的工作,但仍承担确保措施得到实施的问责。除此之外的其他内容,都是最高管理者应该亲自实施的管理工作。

【标准要求】

5.2 职业健康安全方针

最高管理者应建立、实施并保持职业健康安全方针。职业健康安全方针应:

a)包括为防止与工作相关的伤害和健康损害而提供安全和健康的工作条件的承诺,并适合于组织的宗旨和规模、组织所处的环境,以及组织的职业健康安全风险和职业健康安全机遇的特性;

b)为制定职业健康安全目标提供框架;

c)包括满足法律法规要求和其他要求的承诺;

d)包括消除危险源和降低职业健康安全风险的承诺(见8.1.2);

e)包括持续改进职业健康安全管理体系的承诺;

f)包括工作人员及其代表(若有)的协商和参与的承诺。

职业健康安全方针应:

——作为文件化信息而可被获取;

——在组织内予以沟通;

——在适当时可为相关方所获取;

——保持相关和适宜。

【相关术语/词语】

(1)3.16 目标 objective。要实现的结果。

注1:目标可以是战略性的、战术性的或运行层面的。

注2:目标可涉及不同领域(如财务的、健康安全的和环境的目标),并可应用于不同层面[如战略层面、组织整体层面、项目层面、产品和过程(3.25)层面]。

注3:目标可按其他方式来表述,例如:按预期结果、意图、运行准则来表述目标;按某职业健康安全目标(3.17)来表述目标;使用其他近义词(如靶向、追求或目的等)来表述目标。

(2)3.17 职业健康安全目标 occupational health and safety objective;

职业健康安全目标 OH&S objective。

组织(3.1)为实现与职业健康安全方针(3.15)相一致的特定结果而制定的目标(3.16)。

(3)建立:设置、设立、制定、订立。

(4)实施:实际的行为、实践、实际施行。

(5)保持:保留或维持(原状),保全,保护使不受损害。

【理解要求】

(1)组织的最高管理者应在确定的职业健康安全管理体系范围内建立、实施并保持职业健康安全方针。

(2)职业健康安全方针是最高管理者作为承诺而声明的一组原则。它概述了组织支持和持续改进其职业健康安全绩效的长期方向。职业健康安全方针提供了一个总体方向,并为组织制定目标和采取措施以实现职业健康安全管理体系的预期结果提供了框架,且最高管理者应对职业健康安全方针的实现负责。

(3)对职业健康安全方针内容的要求:组织制定的职业健康安全方针应是"一个适合,一个框架,五项承诺"。

1)一个适合:组织的宗旨除职业健康安全外,还会涉及质量、环境和安全、发展战略等方面,组织的职业健康安全方针应与这一宗旨相适应,不同的组织由于其活动、产品与服务的性质、规模与环境影响,职业健康安全方针也会各不相同。

2)一个框架:职业健康安全方针应就职业健康安全目标的建立提供框架和基础,并为评价职业健康安全目标提供依据。

3)五项承诺:防止与工作相关的伤害和健康损害而提供安全和健康的工作条件的承诺;满足法律法规要求和其他要求的承诺;消除危险源和降低职业健康安全风险的承诺;持续改进职业健康安全管理体系的承诺;工作人员及其代表的协商和参与的承诺。

(4)标准对组织如何管理职业健康安全方针提出了如下要求。

1)职业健康安全方针应作为文件化信息以正式的形式表述、发布、管理和维护;

2)通过有效的渠道和方式与组织内的各级员工进行沟通,使员工理解职业健康安全方针并应用于工作中;

3)应使有关相关方能获得环境方针;

4)应定期评审职业健康安全方针,以确保持续的相关性和适宜性。

(5)环境方针文件可根据组织的习惯考虑以任何介质和方式发布,包括纸介质、电子版、网络共享平台等。

【举例】

(1)某组织职业健康安全方针与目标:

预防为主,控制保护;

强化监督,有法可依;

以人为本,提高素质;

科学管理,持续改进。

某公司 2019 年 3 月开工建设,2020 年 7 月建成投产,首期投资 4 亿元人民币建成了具有国际先进水平的年产 15 000 吨(××产品)的生产线。公司依照职业健康安全管理的基本思想管理所有活动,通过积累经验,开发新技术,促进职业健康安全水平的提高。设计、生产和销售安全的产品,在研发和生产过程不产生重要安全隐患,将健康和安全风险降到最低水平。在行动上,承诺在职业健康安全方面尽最大努力完成公司的职责和义务,公司郑重承诺:

1)努力为员工提供安全的工作条件以预防与工作相关的伤害和健康损害;

2)公司的任何行为应满足适用的法律法规要求和其他要求;

3)努力消除危险源和降低职业健康安全风险;

4)持续改进职业健康安全管理体系以提高职业健康安全绩效;

5)安排员工及员工代表参与职业健康安全管理体系决策过程。

(2)为了落实以上职业健康安全方针,建立以下职业健康安全指标:

1)杜绝因危险化学品引发的火灾和爆炸事故。

2)杜绝人身伤亡、重伤事故;每年轻伤事故率控制在 0.7% 以内;各类安全事故直接经济损失控制在 10 万元/年以内。

3)改善劳动条件,职业病发生率为 0。

4)安全生产责任制落实、员工的三级安全教育、特种作业人员持证上岗率均达到 100%。

【审核要求】

(1)最高管理者是否依据组织的战略方向,充分考虑组织的宗旨和背景,制订了具有本组织特点的职业健康安全方针。

(2)审核组织的职业健康安全方针内容是否符合本标准提出的"一个适应,一个框架,五项承诺"要求。

(3)了解组织职业健康安全方针是如何与影响职业健康安全管理体系绩效的人员进行沟通,用什么方式使职业健康安全方针能在组织内得到普遍一致的理解。

(4)关注组织以什么方式使相关方获取组织的职业健康安全方针。

【标准要求】

> **5.3 组织的角色、职责和权限**
>
> 最高管理者应确保将职业健康安全管理体系内相关角色的职责和权限分配到组织内各层次并予以沟通,且作为文件化信息予以保持。组织内每一层次的工作人员均应为其所控制部分承担职业健康安全管理体系方面的职责。
>
> 注1:尽管职责和权限可以被分配,但最高管理者仍应为职业健康安全管理体系的运行承担最终责任。
>
> 注2:对于原国际标准中的单词"roles",本标准译为"角色",与 GB/T 24001—2016 相同;但在 GB/T 19001—2016 中,则译为"岗位",与本标准的"角色"具有相同的含义。
>
> 最高管理者应对下列事项分配职责和权限:
>
> a)确保职业健康安全管理体系符合本标准的要求;
>
> b)向最高管理者报告职业健康安全管理体系的绩效。

【相关术语/词语】

(1)角色:与岗位具有相同的含义,泛指职位,是按规定担任的工作或为实现某一目的而从事的明确的工作行为。

（2）职责：是指任职者为履行一定的组织职能或完成工作使命，所负责的范围和承担的一系列工作任务，以及完成这些工作任务所需承担的相应责任。简单地说，就是你在的职位所应该承担的责任。

（3）权限：是指为了保证职责的有效履行，任职者必须具备的，对某事项进行决策的范围和程度。

（4）分配：安排、分派、分别相配、配合。

（5）沟通：用以泛指使两方相连通，也指疏通彼此的意见。这里是人与人之间的信息交流。

（6）3.27 绩效 performance。可测量的结果。

注1：绩效可能涉及定量或定性的发现。结果可由定量或定性的方法来确定或评价。

注2：绩效可能涉及活动、过程（3.25）、产品（包括服务）、体系或组织（3.1）的管理。

（7）3.28 职业健康安全绩效 occupational health and safety performance；

　　　　职业健康安全绩效 OH&S performance。

与防止对工作人员（3.3）的伤害和健康损害（3.18）以及提供健康安全的工作场所（3.6）的有效性（3.13）相关的绩效（3.27）。

【理解要求】

（1）为了实现职业健康安全管理体系的预期结果，组织职业健康安全管理体系所涉及的人员宜清晰理解其角色、职责和权限。

（2）虽然最高管理者对职业健康安全管理体系拥有总体职责和权限，但工作场所中的每个人不仅必须考虑其自身的健康和安全，还须考虑他人的健康和安全。

（3）"负有责任的最高管理者"意味着最高管理者可为决策和活动接受组织治理机构、法律监管机构以及更广泛意义上的相关方的问责。这意味着最高管理者承担最终责任，并与因某事未完成、未妥善处置、不起作用或未实现其目标而被追究责任的人员一起承担连带责任。

（4）工作人员宜能够报告危险情况，以便组织采取措施。工作人员宜能够按照要求向有关主管部门报告其关心的问题，而不会因此而遭受解雇、纪律处分或其他此类报复的威胁。

（5）要求各部门和岗位通过各种方式（如发放文件、会议宣贯、培训学习和日常交流等），了解有关岗位的职责与权限。一方面验证所规定的职责和权限是否合适，另一方面使组织内的人员了解本岗位及相关部门的职责和权限，为体系过程有效运行提供保证。

【举例】

可通过以下方式来了解组织的角色、职责和权限：

（1）职业健康安全组织结构图。

（2）组织的职业健康安全职能分配表。

（3）各级各类人员职业健康安全职责、岗位描述、工作指南等。

【审核要求】

（1）最高管理者是否对各有关岗位的职责和权限进行了分配，并且得以沟通。

（2）相关人员是否知道自己的岗位、职责和权限。

（3）审核组织职业健康安全活动协调的有效性，职业健康安全管理运行活动能否有序进行。

【标准要求】

5.4 工作人员的协商和参与

组织应建立、实施和保持过程,用于在职业健康安全管理体系的开发、策划、实施、绩效评价和改进措施中与所有适用层次和职能的工作人员及其代表(若有)的协商和参与。

组织应:

a)为协商和参与提供必要的机制、时间、培训和资源。

注1:工作人员代表可视为一种协商和参与机制。

b)及时提供对明确的、易理解的和相关的职业健康安全管理体系信息的访问渠道。

c)确定和消除妨碍参与的障碍或壁垒,并尽可能减少那些难以消除的障碍或壁垒。

注2:障碍和壁垒可包括未回应工作人员的意见和建议,语言或读写障碍,报复或威胁报复,以及不鼓励或惩罚工作人员参与的政策或惯例等。

d)强调与非管理类工作人员在如下方面的协商:

1)确定相关方的需求和期望(见4.2);

2)建立职业健康安全方针(见5.2);

3)适用时,分配组织的角色、职责和权限(见5.3);

4)确定如何满足法律法规要求和其他要求(见6.1.3);

5)制定职业健康安全目标并为其实现进行策划(见6.2);

6)确定对外包、采购和承包方的适用控制(见8.1.4);

7)确定所需监视、测量和评价的内容(见9.1);

8)策划、建立、实施和保持审核方案(见9.2.2);

9)确保持续改进(见10.3)。

e)强调非管理类工作人员在如下方面的参与:

1)确定其协商和参与的机制;

2)辨识危险源并评价风险和机遇(见6.1.1和6.1.2);

3)确定消除危险源和降低职业健康安全风险的措施(见6.1.4);

4)确定能力要求、培训需求、培训和培训效果评价(见7.2);

5)确定沟通的内容和方式(见7.4);

6)确定控制措施及其有效的实施和应用(见8.1、8.1.3和8.2);

7)调查事件和不符合并确定纠正措施(见10.2)。

注3:强调非管理类工作人员的协商和参与,旨在适用于执行工作活动的人员,但无意排除其他人员,如受组织内工作活动或其他因素影响的管理者。

注4:需认识到,若可行,向工作人员免费提供培训以及在工作时间内提供培训,可以消除工作人员参与的重大障碍。

【相关术语/词语】

(1)3.3 工作人员 worker。在组织(3.1)控制下开展工作或与工作相关的活动的人员。

注1:在不同安排下,人员有偿或无偿地开展工作或与工作相关的活动,如定期的或临时的、间歇性的或季节性的、偶然的或兼职的等。

注2:工作人员包括最高管理者(3.12)、管理类人员和非管理类人员。

注3:根据组织所处的环境,在组织控制下所开展的工作或与工作相关的活动可由组织雇佣的工作人员、

外部供方的工作人员、承包方、个人、外部派遣工作人员,以及其工作或与工作相关的活动在一定程度上受组织共同控制的其他人员来完成。

(2)3.5 协商 consultation。决策前征询意见。

注:协商包括使健康安全委员会和工作人员代表(若有)加入。

(3)3.4 参与 participation。参加决策。

注:参与包括使健康安全委员会和工作人员代表(若有)加入。

(4)工作机制:是指工作程序、规则的有机联系和有效运作。工作人员代表可以是协商和参与的一种机制。

【理解要求】

(1)工作人员及其代表(若有)的协商和参与是职业健康安全管理体系取得成功的关键因素。组织宜通过建立过程而对此予以鼓励。

(2)协商意味着一种涉及对话和交换意见的双向沟通。协商包括及时向工作人员及其代表(若有)提供必要信息,以使其给出知情的反馈意见,供组织在做出决策前加以考虑。

(3)参与能使工作人员为与职业健康安全绩效测量和变更建议有关的决策过程做出贡献。对职业健康安全管理体系的反馈依赖于工作人员的参与。组织宜确保鼓励各层次工作人员报告危险情况,以便预防措施落实到位和采取纠正措施。

如果工作人员在提供建议时无惧遭受解雇、纪律处分或其他类似报复的威胁,那么所收到的建议将会更为有效。

(4)标准强调组织应与非管理类工作人员在如下 9 方面进行协商:

1)确定相关方的需求和期望;

2)建立职业健康安全方针;

3)适用时,分配组织的角色、职责和权限;

4)确定如何满足法律法规要求和其他要求;

5)制定职业健康安全目标并为其实现进行策划;

6)确定对外包、采购和承包方的适用控制;

7)确定所需监视、测量和评价的内容;

8)策划、建立、实施和保持审核方案;

9)确保持续改进。

(5)标准强调非管理类工作人员应在如下 7 方面进行参与:

1)确定其协商和参与的机制;

2)辨识危险源并评价风险和机遇;

3)确定消除危险源和降低职业健康安全风险的措施;

4)确定能力要求、培训需求、培训和培训效果评价;

5)确定沟通的内容和方式;

6)确定控制措施及其有效的实施和应用;

7)调查事件和不符合并确定纠正措施。

【举例】

很多组织设立职工代表大会或健康安全委员会,并定期召开全体会议或代表会议就是工作人员及其代表协商和参与的实际案例。

【审核要求】

(1)了解组织是否在职业健康安全管理体系的开发、策划、实施、绩效评价和改进措施中，建立了所有适用层次和职能的工作人员及其代表的协商和参与过程，该过程是如何运行的。

(2)组织建立的职业健康安全管理体系的反馈是否依赖于工作人员的参与。组织是否鼓励各层次工作人员报告危险情况。

(3)了解工作人员在提建议后有没有遭受解雇、纪律处分或其他类似报复的情况发生。

第六节　策　　划

【标准要求】

> **6.1　应对风险和机遇的措施**
>
> **6.1.1　总则**
>
> 在策划职业健康安全管理体系时，组织应考虑4.1(所处的环境)所提及的议题、4.2(相关方)所提及的要求和4.3(职业健康安全管理体系范围)，并确定所需应对的风险和机遇，以：
>
> a)确保职业健康安全管理体系实现预期结果；
>
> b)防止或减少不期望的影响；
>
> c)实现持续改进。
>
> 在确定所需应对的与职业健康安全管理体系及其预期结果有关的风险和机遇时，组织必须考虑：
>
> ——危险源(见6.1.2.1)；
>
> ——职业健康安全风险和其他风险(见6.1.2.2)；
>
> ——职业健康安全机遇和其他机遇(见6.1.2.3)；
>
> ——法律法规要求和其他要求(见6.1.3)。
>
> 在策划过程中，组织应结合组织及其过程或职业健康安全管理体系的变更来确定和评价与职业健康安全管理体系预期结果有关的风险和机遇。对于所策划的变更，无论是永久性的还是临时性的，这种评价均应在变更实施前进行(见8.1.3)。
>
> 组织应保持以下方面的文件化信息：
>
> ——风险和机遇；
>
> ——确定和应对其风险和机遇(见6.1.2至6.1.4)所需的过程和措施。其文件化程度应足以让人确信这些过程和措施可按策划执行。

【相关术语/词语】

(1)应对：采取措施、对策以应付出现的情况。

(2)3.20 风险 risk。不确定性的影响。

注1：影响是指对预期的偏离——正面的或负面的。

注2：不确定性是指对事件及其后果或可能性缺乏甚至部分缺乏相关信息、理解或知识的状态。

注3：通常，风险以潜在"事件"(见GB/T 23694—2013,3.5.1.3)和"后果"(见GB/T 23694—2013,3.6.1.3),或两者的组合来描述其特性。

注4：通常，风险以某事件(包括情况的变化)的后果及其发生的"可能性"(见GB/T 23694—2013,3.6.1.1)的组合来表述。

注 5:在本标准中,使用术语"风险和机遇"之处,意指职业健康安全风险(3.21)、职业健康安全机遇(3.22)以及管理体系的其他风险和其他机遇。

注 6:该术语和定义是《"ISO/IEC 导则第 1 部分"的 ISO 补充合并本》附录 SL 所给出的 ISO 管理体系标准的通用术语和核心定义之一。为了澄清本标准内所使用的术语"风险和机遇",在此增加了注 5。

(3)机遇:就是对组织的有利时机、境遇、条件、环境。

(4)风险与机遇:潜在的不利影响(威胁)和潜在的有利影响(机遇)。

(5)3.21 职业健康安全风险 occupational health and safety risk;

职业健康安全风险 OH&S risk。

与工作相关的危险事件或暴露发生的可能性与由危险事件或暴露而导致的伤害和健康损害(3.18)的严重性的组合。

(6)3.22 职业健康安全机遇 occupational health and safety opportunity;

职业健康安全机遇 OH&S opportunity。

一种或多种可能导致职业健康安全绩效(3.28)改进的情形。

(7)措施:就是方法,方式,方案,解决问题的途径、办法。

(8)建立:设置、设立、制定、订立,是指组织通过一系列的策划使职业健康安全管理体系从无到有的过程。

(9)实施:实际的行为、实践、实际施行,是指组织应按照所策划的要求运行其职业健康安全管理体系。

(10)保持:保留或维持(原状),保全,保护使不受损害。意味着组织应针对体系运行过程中可能出现的偏离或变化,及时对职业健康安全管理体系进行必要的调整和修正,以确保实现预期的结果。

(11)3.25 过程 process。将输入转化为输出的一系列相互关联或相互作用的活动。

【理解要求】

(1)在策划职业健康安全管理体系时,确定需要应对的风险和机遇,应从以下七个方面考虑:

1)组织所处的环境(见 4.1)所提及的议题;

2)相关方的需求和期望(见 4.2);

3)职业健康安全管理体系的范围(见 4.3);

4)危险源(见 6.1.2.2 和 6.1.2.3);

5)职业健康安全管理体系及其他(见 6.1.2.2 和 6.1.2.3);

6)法律法规和其他要求(见 6.1.3);

7)策划的变更(见 6.1.1)。

尽管标准要求必须确定和应对风险和机遇,但并没有要求组织实施正式的风险管理或文件化的风险管理过程。组织可以选择其风险和机会的确定方法,该方法可能涉及一个简单的定性过程或全部定量化的评估,这取决于组织运作所处的环境。

(2)职业健康安全管理体系策划时,确定需要应对的风险和机遇是为了达到以下目的:

1)确保职业健康安全管理体系实现预期结果;

2)防止或减少不期望的影响;

3)实现持续改进。

(3)组织应在如下方面保持文件化的信息：

1)所确定的风险和机遇；

2)确定和应对其风险和机遇所需的过程和措施。

【举例】

(1)职业健康安全管理体系的其他风险和机遇(见表 2-2)。

表 2-2 职业健康安全管理体系的其他风险和机遇

序号	过程名称	标准条款	建立的过程	风险 (目前有何风险)	机遇 (有何改进机会)
1	危险源辨识评价	6.1.2	危险源辨识评价程序	部分危险源可能未得到识别和控制	目前危险源的识别评价基本由体系主管部门完成,应该发动基层员工参与对危险源的识别与评价
2	目标管理	6.2	目标管理规定	缺少主动性目标	修订目标,使之更加完善,更具有适用性
3	应急准备和响应	8.2	应急准备和响应程序	应急响应程序不完善对真正出现的紧急状况可能导致不能有效响应	根据预案不够完善,也未向安监局备案,演练流于形式的现状,修订改进应急预案,并征求专业机构指导意见
4	监视测量	9.1.1	监视测量管理办法	公司高层(副总以上)参与安全检查不多,不利于让员工感受到高层对安全的重视	修改目前有关安全检查相关办法,明确高层领导职责

(2)考虑相关方所提及的要求确定的风险和机遇(见表 2-3)。

表 2-3 考虑相关方所提及的要求确定的风险和机遇

相关方的要求	风险	机遇
上级公司要求	对产品和利润追求导致对职业健康安全管理投入不足	进一步改进职业健康安全的管理
企业员工的的要求	员工的流动带来职业健康安全管理的挑战	员工的职业健康安全意识提升是管理体系建设的积极因素
外部供方 (承包方与外包方)	现场施工的承包方/外包方带来安全管理的复杂性	严格管控,减少安全事故,将得到重视

【审核要求】

(1)标准没有要求组织必须要使用正式的风险管理框架来识别风险和机遇。组织可以结合各自行业的特点与产品和服务性质、规模和环境影响,选择适合他们的方式来识别风险和机遇。但审核员应关注组织在策划职业健康安全管理体系时是如何识别风险和机遇的。

(2)查阅有关记录和文件,审核组织是否识别了标准要求识别的风险和机遇。GB/T 45001—2020 标准确定需要应对的风险和机遇来自于七个方面,这比原标准要求多,也比质量管理体系及环境管理体系要求多,审核员要关注三个管理体系的异同。

(3)风险管理包括风险识别、风险分析和风险评价过程,审核员应主动学习一些风险管理有关知识,以提高自己的审核水平。

【标准要求】

6.1.2　危险源辨识及风险和机遇的评价

6.1.2.1　危险源辨识

组织应建立、实施和保持用于持续和主动的危险源辨识的过程。该过程必须考虑(但不限于):

a)工作如何组织,社会因素(包括工作负荷、工作时间、欺骗、骚扰和欺压),领导作用和组织的文化。

b)常规和非常规的活动和状况,包括由以下方面所产生的危险源:

1)基础设施、设备、原料、材料和工作场所的物理环境;

2)产品和服务的设计、研究、开发、测试、生产、装配、施工、交付、维护或处置;

3)人的因素;

4)工作如何执行。

c)组织内部或外部以往发生的相关事件(包括紧急情况)及其原因。

d)潜在的紧急情况。

e)人员,包括考虑:

1)那些有机会进入工作场所的人员及其活动,包括工作人员、承包方、访问者和其他人员;

2)那些处于工作场所附近可能受组织活动影响的人员;

3)处于不受组织直接控制的场所的工作人员。

f)其他议题,包括考虑:

1)工作区域、过程、装置、机器和(或)设备、操作程序和工作组织的设计,包括它们对所涉及工作人员的需求和能力的适应性;

2)由组织控制下的工作相关活动所导致的、发生在工作场所附近的状况;

3)发生在工作场所附近、不受组织控制、可能对工作场所内的人员造成伤害和健康损害的状况。

g)组织、运行、过程、活动和职业健康安全管理体系中的实际或拟定的变更(见8.1.3)。

h)危险源的知识和相关信息的变更。

6.1.2.2　职业健康安全风险和职业健康安全管理体系的其他风险的评价

组织应建立、实施和保持过程,以:

a)评价来自于已辨识的危险源的职业健康安全风险,同时必须考虑现有控制的有效性;

b)确定和评价与建立、实施、运行和保持职业健康安全管理体系相关的其他风险。

组织的职业健康安全风险评价方法和准则应在范围、性质和时机方面予以界定,以确保其是主动的而非被动的,并被系统地使用。有关方法和准则的文件化信息应予以保持和保留。

6.1.2.3　职业健康安全机遇和职业健康安全管理体系的其他机遇的评价

组织应建立、实施和保持过程,以评价:

a)提升职业健康安全绩效的职业健康安全机遇,同时必须考虑所策划的对组织及其方针、过程或活动的变更,以及:

1)使工作、工作组织和工作环境适合于工作人员的机遇;

2)消除危险源和降低职业健康安全风险的机遇。

b)改进职业健康安全管理体系的其他机遇。

注:职业健康安全风险和职业健康安全机遇可能会给组织带来其他风险和其他机遇。

【相关术语/词语】

(1)3.19 危险源 hazard;

危害因素 hazard;

危害来源 hazard。

可能导致伤害和健康损害(3.18)的来源。

注1:危险源可包括可能导致伤害或危险状态的来源,或可能因暴露而导致伤害和健康损害的环境。

注2:考虑到中国安全生产领域现实存在的相关称谓,本标准视"危险源""危害因素"和"危害来源"同义。但对于中国安全生产领域中那些仅涉及对"物"或"财产"的损害而不涉及对"人"的伤害和健康损害(3.18)的情况,本标准的术语"危险源""危害因素"或"危害来源"则不适用。

(2)危险源辨识:识别危险源的存在并确定其特性的过程。

(3)3.20 风险 risk。不确定性的影响。

(4)机遇:就是对组织的有利时机、境遇、条件、环境。

(5)风险与机遇:潜在的不利影响(威胁)和潜在的有利影响(机遇)。

(6)评价:衡量、评定其价值。通过计算、观察和咨询等方法对某个对象进行一系列的复合分析研究和评估,从而确定对象的意义、价值或者状态。

(7)3.21 职业健康安全风险 occupational health and safety risk;

职业健康安全风险 OH&S risk。

与工作相关的危险事件或暴露发生的可能性与由危险事件或暴露而导致的伤害和健康损害(3.18)的严重性的组合。

(8)3.22 职业健康安全机遇 occupational health and safety opportunity;

职业健康安全机遇 OH&S opportunity。

一种或多种可能导致职业健康安全绩效(3.28)改进的情形。

(9)职业健康安全管理体系其他风险:指职业健康安全管理体系的建立、实施、运行和保持有关的其他风险。

(10)职业健康安全管理体系其他机遇:指改进职业健康安全管理体系的其他机遇。

(11)风险评价:对危险源导致的职业健康安全风险及建立、实施、运行和保持职业健康安全管理体系相关的其他风险进行评估、对现有控制措施的充分性加以考虑以及对风险是否可接受予以确定的过程。

(12)机遇评价:评价提升职业健康安全绩效的职业健康安全机遇及改进职业健康安全管理体系的其他机遇。

(13)变更:改变、更动。

【理解要求】

(1)本条款要求组织应建立、实施和保持用于持续和主动的危险源辨识的过程。

组织的危险源辨识过程宜考虑以下 6 个方面：

1）常规和非常规的活动和状况；

a.常规的活动和状况经由日常运行和正常工作活动产生危险源；

b.非常规的活动和状况是指偶然出现的或非计划的活动和状况；

c.短期的活动或长期的活动可产生不同的危险源。

2）人的因素：

a.与人的能力、局限性及其他特征有关；

b.为了人能够安全和舒适地使用而应用于工具、机器、系统、活动或环境的信息；

c.宜考虑三个方面：活动、工作人员和组织，以及它们之间是如何相互作用并对职业健康安全产生影响的。

3）新的或变化的危险源：

a.可在因过于熟悉环境或环境变化而导致工作过程恶化、被更改、被适应或被演变时产生；

b.对工作实际开展情况的了解（如与工作人员一起观察和讨论危险源）能识别职业健康安全风险是否增加或降低。

4）潜在紧急情况：

a.需立即做出响应的、意外的或非计划的状况（如工作场所的机器着火，工作场所附近的自然灾害，工作人员正在从事与工作有关活动的其他地点的自然灾害）；

b.包括诸如在工作人员正从事与工作相关活动的地点发生了状况而需要他们紧急疏散的情况。

5）人员：

a.工作场所附近、可能受组织活动影响的人员（如路人、承包方或近邻）；

b.处于不在组织直接控制下的地点的工作人员，如从事流动工作的人员或前往其他地点从事与工作有关活动的人员（如邮政工作人员、公共汽车司机、前往客户现场工作的服务人员）；

c.在家工作或独自工作的工作人员。

6）有关危险源的知识或信息的变化：

a.有关危险源的知识、信息和新的理解可能来自于公开的文献、研究与开发、工作人员的反馈，以及组织自身运行经验的评审；

b.这些来源能够提供有关危险源和职业健康安全风险的新信息。

（2）持续主动的危险源辨识始于任何新工作场所、设施、产品或组织的概念设计阶段。它宜随着设计的细化及其随后的运行持续进行，并贯穿整个生命周期，以反映当前的、变化的和未来的活动。

虽然本标准不涉及产品安全（即最终产品用户的安全），但产品的制造、建造、装配或测试过程中所存在的危害工作人员的危险源宜予以考虑。

危险源辨识有助于组织认识和理解工作场所中的危险源及其对工作人员的危害，以便评价、优先排序并消除危险源或降低职业健康安全风险。

危险源可能是物理的、化学的、生物的、心理的、机械的、电的或基于运动或能量的。

（3）危险源辨识可参阅本书第三章的内容。

(4)组织应建立、实施和保持职业健康安全风险、机遇和职业健康安全管理体系的其他风险、机遇的评价过程。

(5)组织可以采用不同方法来评价职业健康安全风险,作为其应对不同危险源或活动的总体战略的一部分。评价的方法和复杂程度并不取决于组织的规模,而取决于与组织的活动有关的危险源。方法可包括:与受日常活动(如工作量的变化)影响的工作人员持续协商,对新的法律法规要求和其他要求(如监管改革、与职业健康安全有关的集体协议的修订)进行监视和沟通,确保资源满足当前和变化的需求(如针对新改进的设备或物料开展培训或采购)。标准只要求职业健康安全风险的评价方法和准则的文件化信息应予以保持和保留。

职业健康安全管理体系的其他风险评价也宜采用适当的方法进行评价,方法和准则没有文件化的要求。职业健康安全机遇的评价方法和准则、职业健康安全管理体系的其他机遇的评价方法和准则也没有文件化的要求。

职业健康安全风险的评价方法和准则可参阅本书第三章。

【举例】

(1)对于不同的行业,其所用危险源辨识方法可能会有非常大的差异。现介绍几种危险源辨识的方法:

1)询问、交谈:召集组织内具有经验的人,通过座谈、讨论等方式辨识其工作中的危害,分析出危险源。

2)现场观察:组织具有安全技术知识和掌握职业健康安全法规、标准的人,通过对工作环境的现场观察、巡视、检查,发现存在的危险源。

3)查阅记录:查阅组织的事故、职业病的记录,可从中发现存在的危险源。

4)获取外部信息:从有关类似组织、文献资料及向专家咨询等方面获取有关危险源信息,加以分析研究,可辨识出组织存在的危险源。

5)工作任务分析:通过分析组织成员工作任务中所涉及的危害,可识别出有关危险源。

6)过程分析方法:通过策划可把产品实现过程分解成相互关联的小过程及活动,对其中每个过程或活动分析其输入、输出及其增值转换过程中产生和可能产生的危险源。

7)安全检查表(SLL):运用已编制好的安全检查表,对组织进行系统的安全检查,可辨识出存在的危险源。

8)事件树分析(ETA):事件树分析是一种从开始原因事件起,分析各环节事件"成功"(正常)或"失败"(失效)的发展变化过程,并预测各种可能结果的方法,即时序逻辑分析判断法。通过对系统各环节事件的分析,可辨识出系统的危险源。

9)故障树分析(FTA):故障树分析是一种根据系统可能发生或已经发生的事故结果,去寻找与事故发生的有关原因、条件和规律的方法。通过这样一个过程分析,可辨识出系统中导致事故的有关危险源。

10)危险与可操作性研究(HAZOP):是一种对过程中的危险源实行严格审查和控制的技术,它通过指导语句和标准格式或寻找工艺偏差,以辨识系统存在的危险源,并确定控制危险源风险的对策。

上述几种危险源辨识方法在着入点和分析过程上,都有其各自特点,也有各自的适用范围和局限性。所以,组织在辨识危险源的过程中,往往使用一种方法还不足以全面地识别其所在的危险源,必须综合运用以上方法。

(2)关于危险源评价的方法没有统一的规定,目前已开发出数十种评价方法。职业健康安全风险评价具有鲜明的行业特点,不同行业各不相同。有的行业只需定性或简单的定量评价就可以了,而有的行业可能需要复杂的定量分析。究竟选用何种职业健康安全风险评价方法,组织应根据其需要和工作场所的具体情况而定。在许多情况下,职业健康安全风险可用简单方法进行评价,也可能仅定性评价。由于几乎不依赖于定量数据,因此,这些方法通常包含很大的判断成分。在某些情况下,这些方法可作为初始筛选工具,以确定何处需要更详尽的评价。现在介绍几种职业健康安全风险评价方法:

1)是非判断法;

2)安全检查表(SCA);

3)作业条件危险性评价法(LEC法);

4)矩阵法;

5)预先危害分析(PHA);

6)职业健康安全风险概率评价法(PRA);

7)危险可操作性研究(HAZOP);

8)事件树分析(ETA);

9)故障树分析(FTA);

10)头脑风暴法,等等。

【审核要求】

(1)组织是否按本标准的要求,建立、实施和保持了危险源辨识的过程、职业健康安全风险和职业健康安全管理体系的其他风险的评价过程,及职业健康安全机遇和职业健康安全管理体系的其他机遇的评价过程。

(2)查阅危险源辨识清单,职业健康安全风险、机遇和职业健康安全管理体系的其他风险、机遇的评价结果的清单。

(3)结合现场审核综合判断组织危险源辨识的充分性、风险和机遇评价的合理性。

【标准要求】

> 6.1.3　法律法规要求和其他要求的确定
>
> 组织应建立、实施和保持过程,以:
>
> a)确定并获取最新的适用于组织的危险源、职业健康安全风险和职业健康安全管理体系的法律法规要求和其他要求;
>
> b)确定如何将这些法律法规要求和其他要求应用于组织,以及所需沟通的内容;
>
> c)在建立、实施、保持和持续改进其职业健康安全管理体系时,必须考虑这些法律法规要求和其他要求。
>
> 组织应保持和保留有关法律法规要求和其他要求的文件化信息,并确保及时更新以反映任何变化。
>
> 注:法律法规要求和其他要求可能会给组织带来风险和机遇。

【相关术语/词语】

(1)3.9 法律法规要求和其他要求 legal requirements and other requirements。组织(3.1)必须遵守的法律法规要求,以及组织必须遵守或选择遵守的其他要求(3.8)。

注1:对本标准而言,法律法规要求和其他要求是与职业健康安全管理体系(3.11)相关的要求。

注 2:法律法规要求和其他要求包括集体协议的规定。

注 3:法律法规要求和其他要求包括依法律、法规、集体协议和惯例而确定的工作人员(3.3)代表的要求。

(2)确定:固定,明确肯定。

(3)考虑:思索问题,以便作出决定。

(4)更新:革新,除旧布新。旧的去了,新的来到。这里是指对建立管理体系形成文件的信息进行必要的"吐故纳新"。

【理解要求】

(1)本条款要求建立、实施并保持法律法规和其他要求控制程序,用以识别和获取适用于本组织的法律法规和其他职业健康安全要求。

(2)遵守法律法规和其他要求是组织职业健康安全方针所必需包含的承诺,是组织建立职业健康安全管理体系的基本要求,也是组织的职业健康安全管理体系持续改进的基础。应做到以下 5 个方面:

1)识别:识别最新的适用的法律法规和其他要求。

2)获取:有沟通的方式,有适当的渠道来获得法律法规和其他要求。

3)考虑:建立、实施和保持职业健康安全管理体系时,应充分考虑到法律法规和其他要求。

4)更新:能及时更新相关法律法规和其他要求。

5)传达:能将法律法规和其他要求的信息及时传达给控制下工作的人员和其他有关的相关方,建立明确畅通的信息沟通的渠道。

(3)本条款要求的内容贯穿在职业健康安全管理体系的始终,本条款和其他条款的直接关系如下:

1)职业健康安全方针中应有遵守与其职业健康安全危险源有关的适用法律法规要求及组织应遵守的其他要求的承诺;

2)对危险源辨识、职业健康安全风险评价和控制措施的确定中应考虑任何与风险评价和实施必要控制措施相关的适用法律义务,将违法行为作为重大风险进行控制;

3)目标建立和目标评审应考虑法律法规和其他要求的内容;

4)合规性评价中要求对法律法规和其他要求遵守情况定期进行评价;

5)管理评审中对评审的输入要求包括与职业健康安全有关的法律法规和其他要求符合性评价内容。

(4)以下条款与法律法规和其他要求有间接关系:

1)能力和意识中的内容有包括对相关法律法规和其他要求的培训;

2)沟通包括对员工和相关方沟通相关的法律法规和其他要求;

3)运行控制必要时对相关的法律法规和其他要求的执行编制运行控制程序;

4)应急准备和响应符合法律法规和其他要求,相关的应急预案应报告当地的主管部门备案等。

【举例】

(1)法律法规要求可包括:

1)法律法规(国家的、区域的或国际的),包括法律、法规和规章;

2)法令和指令;

3)监管部门发布的命令;

4)许可、执照或其他形式的授权;

5)法院判决或行政裁决;

6)条约、公约、议定书;

7)集体协商协议。

(2)其他要求可包括:

1)组织的要求;

2)合同条款;

3)雇佣协议;

4)与相关方的协议;

5)与卫生部门的协议;

6)非强制性标准、获得一致认可的标准和指南;

7)自愿性原则、行为守则、技术规范、章程;

8)本组织或其上级组织的公开承诺。

(3)合规义务获取渠道:

1)互联网;

2)图书馆;

3)贸易协会;

4)监管机构;

5)法律服务机构;

6)职业健康安全研究机构;

7)职业健康安全咨询机构;

8)设备生产商;

9)材料供应商;

10)承包方;

11)顾客。

【审核要求】

(1)是否按本条款要求建立、实施并保持了法律法规和其他要求控制程序,程序中是否规定了对法律法规和其他职业健康安全要求识别、获取、考虑、更新和传达等内容要求。

(2)在识别法律法规和其他要求时,审核员应明白不同行业所适用的法律法规和其他要求各不相同。即使是同一行业,由于各个组织的具体情况各不相同,如选用不同的工艺、设备、原材料等,所使用法律法规也不完全一样。究竟组织需要遵守哪些法律法规和其他要求,组织需要根据自身的具体情况和需要进行识别。因此审核本条款要求时,应查阅组织识别的法律法规和其他要求清单,确认组织是否识别了适用企业的法律法规和其他要求并且识别了适用条款。

(3)了解组织收集"法律法规和其他要求"的渠道、更新的安排、传达的方式,判断组织符合本条款要求的有效性。

(4)通过对与不可接受风险的相关人员和管理者的交谈,判定组织有关人员是否了解相关的法律法规和其他要求。

【标准要求】

> **6.1.4 措施的策划**
>
> 组织应策划：
>
> a)措施,以：
>
> 1)应对这些风险和机遇(见 6.1.2.2 和 6.1.2.3)；
>
> 2)满足法律法规要求和其他要求(见 6.1.3)；
>
> 3)对紧急情况做出准备和响应(见 8.2)；
>
> b)如何：
>
> 1)在其职业健康安全管理体系过程中或其他业务过程中融入并实施这些措施；
>
> 2)评价这些措施的有效性。
>
> 在策划措施时,组织必须考虑控制的层级(见 8.1.2)和职业健康安全管理体系的输出。
>
> 在策划措施时,组织还应考虑最佳实践、可选技术方案以及财务、运行和经营等要求。

【相关术语/词语】

(1)措施：就是方法、方式、方案、解决问题的途径、办法。

(2)策划：策是指计策、谋略,划是指计划、安排,连起来就是有计划地实施谋略。

(3)3.20 风险 risk。不确定性的影响。

(4)风险与机遇：潜在的不利影响(威胁)和潜在的有利影响(机遇)。

(5)3.9 法律法规要求和其他要求 legal requirements and other requirements。组织必须遵守的法律法规要求,以及组织必须遵守或选择遵守的其他要求。

(6)评价：衡量、评定其价值。通过计算、观察和咨询等方法对某个对象进行一系列的复合分析研究和评估,从而确定对象的意义、价值或者状态。

【理解要求】

(1)对于以下识别出来的风险和机遇,应策划出应对措施：

1)职业健康安全风险和机遇(危险源带来的)；

2)职业健康安全管理体系其他风险和机遇(包含职业健康安全管理体系建立自身,4.1 条款,4.2 条款,4.3 条款及 8.1.3 条款变更带来的)；

3)满足法律法规要求和其他要求带来的风险和机遇；

4)对紧急情况做出准备和响应带来的风险和机遇。

(2)策划的应对措施宜主要通过职业健康安全管理体系进行管理,并宜与其他业务过程(如为管理环境、质量、业务连续性、风险、财务或人力资源而建立的过程)相融合。措施的实施旨在期待实现职业健康安全管理体系的预期结果。应对措施实施后,应结合监视、测量、分析和绩效评价条款要求,评价以上应对措施的有效性。

(3)在策划措施时,组织必须考虑控制的层级(见 8.1.2)和职业健康安全管理体系的输出。

(4)在策划措施时,组织还应考虑最佳实践、可选技术方案以及财务、运行和经营等要求。当措施策划进行技术选项时,组织应该考虑经济上可行的、成本-效益分析适当前提下,采用最佳技术。

【举例】

(1)策划关于危险源应对风险和机遇的措施记录表格(见表 2-4)。

表 2−4　关于危险源应对风险和机遇的措施记录

序号	组织的活动（人、物环境及管理因素）	危险源	导致的伤害和健康损害	评价方式 D＝LEC				职业健康安全风险级别	现有控制措施的有效性	消除危险源和降低职业健康安全风险的机遇	策划应对风险和机遇的措施
				L	E	C	D				
1											
2											

（2）策划应对职业健康安全管理体系的其他风险和机遇的措施（见表 2−5）。

表 2−5　应对职业健康安全管理体系的其他风险和机遇的措施

序号	过程名称	标准条款	建立的过程	风险（目前的执行方式有何风险）	执行状况结果是否符合预期	权责是否清楚	资源是否充分	人员能力是否符合要求	设施是否符合要求	机遇（有何改进机会）	应对措施的策划（如何策划加以改进）
1	危险源辨识评价	6.1.2	危险源辨识评价程序	部分危险源可能未得到识别和控制	×	√	√	×	○	危险源的识别评价目前基本由体系主管部门完成，应该发动基层员工参与对危险源的识别与评价	修订程序文件，基层员工必须接受危险源的培训，必须参与危险源的识别和评价
2	目标管理	6.2	目标管理规定	缺少主动性目标	×	√	√	√	○	修订目标，使之更加完善，更具有适用性	增加主动性目标，包括高层参加安全检查的次数、人均安全培训时间两项
3	应急准备和响应	8.2	应急准备和响应程序	应急响应程序不完善对真正出现的紧急状况可能导致不能有效响应	×	√	√	×	×	根据预案不够完善，也未到安监局备案，演练流于形式的现状，修订、改进应急预案，并征求专业机构指导意见	请专业机构协助重新评估并优化所有应急预案，报安监局备案，请消防部门指导演练

序号	过程名称	标准条款	建立的过程	风险（目前的执行方式有何风险）	执行状况结果是否符合预期	权责是否清楚	资源是否充分	人员能力是否符合要求	设施是否符合要求	机遇（有何改进机会）	应对措施的策划（如何策划加以改进）
4	监视测量	9.1.1	监视测量管理办法	公司高层（副总以上）参与安全检查不多，不利于让员工感受到高层对安全的重视	×	×	√	√	○	修改目前有关安全检查有关办法，明确高层领导职责	规定高层每月至少参加一次安全检查，下个月起实施

（3）某企业设计的应对措施记录表格（见表 2-6）。

表 2-6　应对措施记录表格

风险	机遇	策划应对风险和机遇的措施	如何融入其他过程	评价这些措施的有效性

【审核要求】

（1）组织是否按本条款要求策划出应对所识别风险和机遇的措施，管理合规性义务的措施，应对风险和机会的措施，这些应对措施是否考虑了控制的层级及体系的输出，这些应对措施是否考虑了最佳实践、可选技术方案以及财务、运行和经营等要求。

（2）组织是如何实施上述措施，这些措施的实施是否融入了其他过程，如何评价实施的有效性。结合现场审核措施的实施状态，效果更佳。

【标准要求】

> **6.2　职业健康安全目标及其实现的策划**
>
> **6.2.1　职业健康安全目标**
>
> 组织应在相关职能和层次上制定职业健康安全目标，以保持和持续改进职业健康安全管理体系和职业健康安全绩效（见 10.3）。
>
> 职业健康安全目标应：
>
> a）与职业健康安全方针一致。
>
> b）可测量（可行时），或能够进行绩效评价。
>
> c）必须考虑：
>
> 1）适用的要求；

2)风险和机遇的评价结果(见 6.1.2.2 和 6.1.2.3);

3)与工作人员及其代表(若有)协商(见 5.4)的结果。

d)得到监视。

e)予以沟通。

f)在适当时予以更新。

6.2.2　实现职业健康安全目标的策划

在策划如何实现职业健康安全目标时,组织应确定:

a)要做什么;

b)需要什么资源;

c)由谁负责;

d)何时完成;

e)如何评价结果,包括用于监视的参数;

f)如何将实现职业健康安全目标的措施融入其业务过程。

组织应保持和保留职业健康安全目标和实现职业健康安全目标的策划的文件化信息。

【相关术语/词语】

(1)3.16 目标 objective。要实现的结果。

注 1:目标可以是战略性的、战术性的或运行层面的。

注 2:目标可涉及不同领域(如财务的、健康安全的和环境的目标),并可应用于不同层面[如战略层面、组织整体层面、项目层面、产品和过程(3.25)层面]。

注 3:目标可按其他方式来表述。例如:按预期结果、意图、运行准则来表述目标;按某职业健康安全目标(3.17)来表述目标;使用其他近义词(如靶向、追求或目的等)来表述目标。

注 4:该术语和定义是《"ISO/IEC 导则第 1 部分"的 ISO 补充合并本》附录 SL 所给出的 ISO 管理体系标准的通用术语和核心定义之一。由于术语"职业健康安全目标"作为单独的术语在 3.17 中给出定义,原注 4 被删除。

(2)3.17 职业健康安全目标 occupational health and safety objective;

　　　　职业健康安全目标 OH&S objective。

组织(3.1)为实现与职业健康安全方针(3.15)相一致的特定结果而制定的目标(3.16)。

(3)3.37 持续改进 continual improvement。提高绩效(3.27)的循环活动。

注 1:提高绩效涉及使用职业健康安全管理体系(3.11),以实现与职业健康安全方针(3.15)和职业健康安全目标(3.17)相一致的整体职业健康安全绩效(3.27)的改进。

注 2:持续并不意味着不间断,因此活动不必同时在所有领域发生。

注 3:该术语和定义是《"ISO/IEC 导则第 1 部分"的 ISO 补充合并本》附录 SL 所给出的 ISO 管理体系标准的通用术语和核心定义之一。为了澄清在职业健康安全管理体系背景下"绩效"的含义,增加了注 1。为了澄清"持续"的含义,增加了注 2。

(4)3.27 职业健康安全绩效 occupational health and safety performance;

　　　　职业健康安全绩效 OH&S performance。

与防止对工作人员(3.3)的伤害和健康损害(3.18)以及提供健康安全的工作场所(3.6)的有效性(3.13)相关的绩效(3.27)。

(5)策划:积极主动地想办法。谋划、计划。

(6)考虑:思索问题,以便做出决定。

(7)监视:监督、视察。

(9)沟通:用以泛指使两方相通连,也指疏通彼此的意见。这里是人与人之间的信息交流。

(10)更新:革新,除旧布新。旧的去了,新的来到。

【理解要求】

(1)标准要求组织应在相关职能、层次建立职业健康安全目标。职业健康安全目标是对职业健康安全方针的进一步展开,是组织各个职能、层次运行职业健康安全管理体系实现的主要工作目的,也是评价职业健康安全管理体系有效性不可缺少的判定指标。

(2)制定的职业健康安全目标应考虑下述内容:

1)与职业健康安全方针保持一致,职业健康安全方针是作为设定职业健康安全目标的标杆,是制定职业健康安全目标的基础。如职业健康安全方针包含了对持续改进的承诺,职业健康安全目标就不能一成不变或停滞不前,而也应体现出不断改进的趋势。

2)可行时,职业健康安全目标应当是可测量的(即可考核其是否实现)。职业健康安全目标的测量可以是定性的或定量的。定性测量可以是粗略的估计,例如那些从调查、访谈和观察中所获得的结果。作业层次上目标应尽可能量化,例如噪声达标排放等目标都是可测量的。这样既体现出职业健康安全方针为职业健康安全目标建立提供了"框架"这一内涵,又为职业健康安全管理体系有效性评价提供了方便。

3)制定的职业健康安全目标还应考虑:适用的要求、风险和机遇的评价结果、与工作人员及其代表协商的结果。

(3)对职业健康安全目标管理上的做法应符合本标准得到监视、予以沟通、在适当时予以更新的三条要求。

(4)组织通过策划"4W2H"活动实现预期设定的目标。即:What——要做什么;What——需要什么资源;Who——由谁负责;When——何时完成;How——如何评价结果;How much——如何将实现职业健康安全目标的措施融入其业务过程。

(5)组织应保持和保留职业健康安全目标和实现职业健康安全目标的策划的文件化信息,即职业健康安全目标要形成文件,实现职业健康安全目标策划的结果应有记录。

【举例】

(1)职业健康安全目标可与其他业务目标相融合,并宜在相关职能和层次设立。目标可以是战略性的、战术性的或运行层面的:

1)战略性目标可被设立为改进职业健康安全管理体系整体绩效(如消除噪声暴露);

2)战术性目标可被设立在设施、项目或过程层面(如从源头降低噪声);

3)运行层面的目标可被设立在活动层面(如围挡单台机器以降低噪声)。

(2)目标类型的示例可包括:

1)以具体指定某物增加或减少一个数量值来设定的目标(如减少操作事件20%等);

2)以引入控制措施或消除危险源来设定的目标(如降低车间的噪声等);

3)以在特定产品中引入危害较小的材料来设定的目标;

4)以提高工作人员有关职业健康安全的满意度来设定的目标(如减小工作场所的工作压力等);

5)以减少在危险物质、设备或工艺过程中的暴露来设定的目标(如引入准入控制措施或防护措施等);

6)以提高安全完成工作任务的意识或能力来设定的目标;

7)以在法律法规即将颁布前做出妥当布置以满足其要求来设定的目标。

(3)制定实现职业健康安全目标的措施与计划举例(见表2-7)。

表2-7 实现职业健康安全目标的措施与计划

职业健康安全目标	要做什么	所需资源	责任者	完成时间	结果评价方法	如何融入业务流程
轻伤机械伤害的事故降低50%,每年2起以下	将现有机床更换为全封闭的电脑控制设备	200万元	制造部,供应部	2020年12月15日	公司组织有关部门成立工程验收组,按制订的验收计划实施验收	公司牵头管理的大型技改项目
降低供电线绝缘损坏造成员工触电和火灾发生的风险,触电事故及火灾发生的风险降低到0	原移动插线座更换为导管穿线、固定插座布线走向的设计,插座、导线、穿线管的选择购买与施工	5万元	制造部	2020年12月15日	制造部抽调技术、安全及使用人员进行交工验收	制造部内部的小型改造项目

【审核要求】

(1)查阅组织是否在相关职能和层次建立、实施和保持形成文件的职业健康安全目标;目标的内容是否符合标准的要求,检查目标管理是否符合标准的要求。

(2)审核组织职业健康安全目标的实施情况,判定目标制定的合理性和可操作性。

(3)组织是否针对其职业健康安全目标制定了实施措施,检查措施实施的有效性;有关职业健康安全风险是否得到控制。

(4)监督审核时,应重点审核所实施措施如何评审与更新。

第七节 支 持

【标准要求】

7.1 资源

组织应确定并提供建立、实施、保持和持续改进职业健康安全管理体系所需的资源。

【相关术语/词语】

(1)支持:支撑,供应,支援,赞同鼓励。

(2)资源:指拥有的物力、财力、人力等各种物质要素的总称。资源包括人力资源、自然资源、基础设施、技术和财务资源。

(3)确定:固定,明确肯定。

(4)提供:供给。提出可供参考或利用的意见、资料、物资、条件等。

【理解要求】

(1)本标准要求组织要确定并提供建立、实施、保持和持续改进职业健康安全管理体系所需的资源。无论建立、实施、保持职业健康安全管理体系,还是持续改进职业健康安全管理体系都需要资源作保障,资源是职业健康安全管理体系有效运行和改进,以及提升职业健康安全绩效所必需的。

(2)在为职业健康安全管理体系确定和提供资源时,组织应考虑:

1)在所确定的职业健康安全管理体系范围内,分析评估现有的内部资源的能力和受限条件,识别出现组织内现有的资源中能满足及不能满足职业健康安全管理体系所需内部资源;

2)哪些是需要从外部供方增补的资源。

【举例】

(1)人力资源:组织所拥有的用以制造产品和提供服务的人力,包括专业技能和知识。

(2)基础设施资源:包括该组织的建筑物、设备、地下贮罐和排水系统。

【审核要求】

(1)通过与最高管理者的沟通,了解组织对职业健康安全管理体系运行提供资源保障的想法与做法。

(2)通过现场观察,了解组织对职业健康安全管理体系运行是否有充足的资源保障。

【标准要求】

> **7.2 能力**
>
> 组织应:
>
> a)确定影响或可能影响其职业健康安全绩效的工作人员所必需具备的能力;
>
> b)基于适当的教育、培训或经历,确保工作人员具备胜任工作的能力(包括具备辨识危险源的能力);
>
> c)在适用时,采取措施以获得和保持所必需的能力,并评价所采取措施的有效性;
>
> d)保留适当的文件化信息作为能力证据。
>
> 注:适用措施可包括:向现有所雇人员提供培训、指导或重新分配工作;外聘或将工作承包给能胜任工作的人员等。

【相关术语/词语】

(1)3.23 能力 competence。运用知识和技能实现预期结果的本领。

注:该术语和定义是《"ISO/IEC 导则第 1 部分"的 ISO 补充合并本》附录 SL 所给出的 ISO 管理体系标准的通用术语和核心定义之一。

(2)3.3 工作人员 worker。在组织(3.1)控制下开展工作或与工作相关的活动的人员。

注 1:在不同安排下,人员有偿或无偿地开展工作或与工作相关的活动,如定期的或临时的、间歇性的或季节性的、偶然的或兼职的等。

注 2:工作人员包括最高管理者(3.12)、管理类人员和非管理类人员。

注 3:根据组织所处的环境,在组织控制下所开展的工作或与工作相关的活动可由组织雇佣的工作人员、外部供方的工作人员、承包方、个人、外部派遣工作人员,以及其工作或与工作相关的活动在一定程度上受组织共同控制的其他人员来完成。

(3)确定:固定,明确肯定。

(4)影响:起作用;施加作用。以间接或无形的方式来作用或改变(人或事)的行为、思想或性质。

(5)教育:教导启发,使其明白道理。培养人才、传播知识的工作。

(6)培训:培养训练。指给员工传授其完成本职工作所必需的正确思维认知、基本知识和技能的过程。

(7)经历:阅历,亲身经受。亲身见过、做过或遭受过的事。

(8)确保:切实保持或保证。

(9)评价:衡量、评定其价值。

(10)保留:保存不变,留下。

【理解要求】

(1)组织应确定受其控制的工作人员(即各级各类人员)的能力需求,因为这些人员从事的工作将影响到职业健康安全管理体系绩效和相关的法律法规和其他要求履行;

(2)能力需求(岗位能力标准)包括适当的教育、培训、资格和经历方面的要求(包括具备辨识危险源的能力);

(3)对现职人员进行能力评价,如果不满足要求,存在差距,就应该采取适当的措施以获得所需的能力,缩小或消除差距,采取措施后要评价措施的有效性,无效或效果欠佳,则应重新采取有效的措施;

(4)按本标准的要求,应当保留适当的形成文件的信息(如学历证明、培训记录、岗位资格证、职称证明、工作经历等),作为人员能力的证据。

【举例】

(1)影响或可能影响其职业健康安全绩效的工作人员应包括最高管理者在内的各层次负责职业健康安全管理人员,危险源辨识、职业健康安全风险评价和控制措施确定的人员,事件调查处理的人员,过程操作人员,控制措施执行人员,绩效监测人员以及内部审核人员,聘用的新人员和转岗人员,也应包括承包方、临时工作人员和访问者等。

(2)培训内容举例:法律法规,程序和工作指令,操作标准及安全规则和任务分析,职业健康安全管理体系要求,危险化学品及职业健康安全风险、偏离特定作业程序时可能会造成的后果,岗位和责任、事故案例,紧急事件准备和应急要求,等等。

(3)培训有效性评价方法:可通过面试、笔试等方法来评价,有时还可通过实际操作、工作的考核来验证是否达到培训计划或其他措施所策划的目标。

【审核要求】

(1)审核组织对"影响或可能影响其职业健康安全绩效的工作人员"是否识别充分,是否都规定了相应的能力需求。审核时应注意"适用时",如果具备所需的能力,不需要采取措施。如果采取了必要的措施,审核时要更多地关注过程的输出,即不管采取何种措施,是否能获得所需的能力,即采取措施的有效性。

(2)审核组织的培训工作计划完成情况,培训的效果如何。

(3)现场审核操作人员是否胜任自己的工作,满足组织设定的岗位能力需求,并能具备辨识危险源的能力。

【标准要求】

> **7.3　意识**
>
> 工作人员应意识到:
>
> a)职业健康安全方针和职业健康安全目标;

b)其对职业健康安全管理体系有效性的贡献作用,包括提升职业健康安全绩效的益处;

c)不符合职业健康安全管理体系要求的影响和潜在后果;

d)与其相关的事件和调查结果;

e)与其相关的危险源、职业健康安全风险和所确定的措施;

f)从其所认为的存在急迫且严重危及其生命或健康的工作状况中逃离的能力,以及为保护其免遭由此而产生的不当后果所做出的安排。

【相关术语/词语】

(1)意识:一般是指人对环境及自我的认知能力以及认知的清晰程度。

(2)3.3 工作人员 worker。在组织(3.1)控制下开展工作或与工作相关的活动的人员。

注1:在不同安排下,人员有偿或无偿地开展工作或与工作相关的活动,如定期的或临时的、间歇性的或季节性的、偶然的或兼职的等。

注2:工作人员包括最高管理者(3.12)、管理类人员和非管理类人员。

注3:根据组织所处的环境,在组织控制下所开展的工作或与工作相关的活动可由组织雇佣的工作人员、外部供方的工作人员、承包方、个人、外部派遣工作人员,以及其工作或与工作相关的活动在一定程度上受组织共同控制的其他人员来完成。

【理解要求】

(1)在组织控制下开展工作或与工作相关的活动的人员应具备一定的职业健康安全意识,因为这些人员从事的工作将影响到职业健康安全绩效和的履行。

(2)职业健康安全意识包括以下六个方面内容:

1)职业健康安全方针和职业健康安全目标;

2)其对职业健康安全管理体系有效性的贡献作用,包括提升职业健康安全绩效的益处;

3)不符合职业健康安全管理体系要求的影响和潜在后果;

4)与其相关的事件和调查结果;

5)与其相关的危险源、职业健康安全风险和所确定的措施;

6)从其所认为的存在急迫且严重危及其生命或健康的工作状况中逃离的能力,以及为保护其免遭由此而产生的不当后果所做出的安排。

【举例】

(1)企业的安全文化:安全文化就是安全理念、安全意识以及在其指导下的各项行为的总称,主要包括安全观念、行为安全、系统安全、工艺安全等。所有的事故都是可以防止的,所有安全操作隐患都是可以控制的。安全文化的核心是以人为本,这就需要将安全责任落实到企业全员的具体工作中,通过培育员工共同认可的安全价值观和安全行为规范,在企业内部营造自我约束、自主管理和团队管理的安全文化氛围,最终实现持续改善安全绩效、建立安全生产长效机制的目标。

(2)企业安全文化内容:

1)安全制度文化:安全制度体系(职业安全体系、安全标准化体系),安全生产责任清单,安全生产禁令。

2)安全物质文化:现场安全视觉识别系统,生产现场物的安全状态。

3)安全行为文化:风险评估与分级管控,隐患排查与治理,反习惯性违章、安全事件与事件管理、安全约谈。

4)安全精神文化:安全文化意识、安全理念、安全目标、安全愿望、安全价值等核心理念,安全教育培训,开展系列安全活动。

【审核要求】

(1)职业健康安全意识教育是组织企业安全文化的一部分,审核应关注组织是如何从核心价值观层面构建组织的安全文化并固化和推广的,组织是如何提升高层、中层和基层管理人员及其他各类员工的职业健康安全意识进而达到提升职业健康安全境绩效、符合相关法律法规和其他要求、实现职业健康安全目标。

(2)关注组织内各部门的员工是否知道各自应承担的相关职业健康安全责任,能否认识到职业健康安全是自己的事情,而不仅仅是职业健康安全管理体系主管人员的责任。是否意识到自己所做的工作如果不符合职业健康安全管理体系的要求,则可能产生负面影响和潜在的后果,为降低这些影响和潜在的后果,应采取什么控制措施,是否能在绩效考核的约束氛围中自觉实施。

(3)审核员要关注除工作人员外,临时工作人员、承包方、访问者和任何其他相关方是否也能意识到其所面临的职业健康安全风险,这应是包含在职业健康安全意识之中的内容。

【标准要求】

> **7.4　沟通**
>
> **7.4.1　总则**
>
> 组织应建立、实施并保持与职业健康安全管理体系有关的内外部沟通所需的过程,包括确定:
>
> a)沟通什么。
>
> b)何时沟通。
>
> c)与谁沟通:
>
> 1)与组织内不同层次和职能;
>
> 2)与进入工作场所的承包方和访问者;
>
> 3)与其他相关方。
>
> d)如何沟通。
>
> 在考虑沟通需求时,组织必须考虑到各种差异(如性别、语言、文化、读写能力、残障)。在建立沟通过程中,组织应确保外部相关方的观点被考虑。
>
> 在建立沟通过程时,组织:
>
> ——必须考虑其法律法规要求和其他要求;
>
> ——应确保所沟通的职业健康安全信息与职业健康安全管理体系内所形成的信息一致且可靠。
>
> 组织应对有关其职业健康安全管理体系的沟通做出响应。
>
> 适当时,组织应保留文件化信息作为其沟通的证据。
>
> **7.4.2　内部沟通**
>
> 组织应:
>
> a)就职业健康安全管理体系的相关信息在其不同层次和职能之间进行内部沟通,适当时还包括职业健康安全管理体系的变更;

b)确保其沟通过程能够使工作人员为持续改进做出贡献。

7.4.3 外部沟通

组织应按其所建立的沟通过程就职业健康安全管理体系的相关信息进行外部沟通,并必须考虑法律法规要求和其他要求。

【相关术语/词语】

(1)沟通:本指开沟以使两水相通。后用以泛指使两方相通连,也指疏通彼此的意见。这里是人与人之间的信息交流。

(2)总则:指规章条例最前面的概括性的条文。

(3)建立:设置、设立、制定、订立。

(4)实施:实际的行为、实践、实际施行。

(5)保持:保留或维持(原状),保全,保护使不受损害。

(6)承包方:与组织签订合同以执行特定任务的组织或个人。

(7)来访者:不属于组织内的工作人员。例如政府职能部门或上级领导部门来人、顾客、供方、应聘者、员工家属,推销商等外部人员。

(8)3.2 相关方 interested party(首选术语);

利益相关方 stakeholder(许用术语)。

可影响决策或活动、受决策或活动所影响,或者自认为受决策或活动影响的个人或组织。

(9)信息:是对客观世界中各种事物的运动状态和变化的反映,是客观事物之间相互联系和相互作用的表征,表现的是客观事物运动状态和变化的实质内容。信息是提供决策的有效数据。

(10)考虑:思索问题,以便做出决定。

(11)确保:切实保持或保证。

【理解要求】

(1)组织应按本条款要求建立、实施并保持与职业健康安全管理体系有关的内外部沟通所需的过程。过程应明确:沟通的内容、何时进行沟通、与谁进行沟通、如何进行沟通。建立过程时,组织应考虑各种差异(如性别、语言、文化、读写能力、残障)的沟通需求;必须考虑其法律法规要求和其他要求及外部相关方的观点,并应确保所沟通的职业健康安全信息与职业健康安全管理体系内所形成的信息一致且可靠。建立的过程中应有对沟通做出响应的规定。

(2)内部沟通:

1)组织不同层次和职能部门应按策划阶段所规定的职业健康安全信息沟通的要求,包括职业健康安全管理体系的变更信息,进行内部沟通;

2)在内部沟通过程中,组织应采取措施,确保在组织的工作人员能达到内部沟通的目的——为持续改进作出贡献。

(3)外部沟通:

1)组织的相关职能部门应按策划所规定的外部沟通过程,进行职业健康安全信息外部沟通;

2)外部沟通必须符合法律法规要求和其他要求。

(4)组织应保留文件化信息,作为其沟通的证据。

【举例】

(1)内部沟通内容举例:

1)职业健康安全管理体系方针、目标以及有关管理者对职业健康安全管理体系承诺的信息;

2)法律法规及其他要求的信息;

3)关于识别危险源和评价风险的信息;

4)关于职业健康安全目标和其他持续改进的活动的信息;

5)与事件调查相关的信息;

6)与在消除职业健康安全危险源和风险方面进展有关信息;

7)与可能对职业健康安全管理体系产生影响的变化有关信息等。

(2)内部沟通渠道举例:会议、谈话、文件发放、安全简报、内部网络系统、电子邮件意见箱等。

(3)与进入工作场所的承包方和其他访问者进行沟通内容举例:

1)职业健康安全绩效;

2)工作场所的危险源辨识和风险;

3)不符合职业健康安全要求的后果;

4)运行的控制措施;

5)相关的法律法规要求;

6)疏散程序和警报响应的信息;

7)交通控制;

8)准入控制和陪同要求;

9)需穿戴的劳保护具要求等信息。

(4)外部沟通渠道举例:合同协议方式、口头传达、各种安全标识、张贴文件、书面交流、会议、互联网等。

(5)员工、志愿者、临时工和合同工等工作人员参与举例:

1)适当参与危险源辨识、风险评价和控制措施的确定;

2)适当参与事件调查;

3)参与职业健康安全方针和目标的制定与评审;

4)对职业健康安全事务发表意见;

5)参与改进职业健康安全绩效并提出改进建议;

6)对影响他们职业健康安全的任何变更进行协商,尤其在新的或经改造的设备引入、新的材料使用、设施设备更新改造、工艺流程改变等可能带来新的或不熟悉的危险源时,进行必要的参与。

【审核要求】

(1)组织是否按本条款要求建立、实施并保持内外部沟通所需的过程,用来对职业健康安全管理体系有关的内部与外部信息交流。组织所建立的沟通过程是否规定信息的收集、更新和传播。该过程是否确保向所有有关的工作人员和相关方提供相关信息,并确保他们能接收到和易于理解这些信息。

(2)通过与管理人员的面谈关注组织是否对内部和外部沟通事项做出了合理的安排,了解沟通计划或安排,问询沟通的实施情况。

(3)查询沟通的有效性,内外部沟通的结果是否促进提升职业健康安全管理体系绩效,若查看外部沟通的实际效果,可通过电话随机抽查相关方对组织建立职业健康安全管理体系的满意程度。

(4)查阅有关作为其信息交流的证据而保留的文件化信息。

【标准要求】

7.5　文件化信息

7.5.1　总则

组织的职业健康安全管理体系应包括:

a)本标准要求的文件化信息。

b)组织确定的实现职业健康安全管理体系有效性所必需的文件化信息。

注:对于不同组织而言,其职业健康安全管理体系的文件化信息的程度可能因以下方面存在差异而不同:

——组织的规模及其活动、过程、产品和服务的类型;

——证实满足法律法规要求和其他要求的需要;

——过程的复杂性及其相互作用;

——工作人员的能力。

7.5.2　创建和更新

创建和更新文件化信息时,组织应确保适当的:

a)标识和说明(如标题、日期、作者或文件编号);

b)形式(如语言文字、软件版本、图表)与载体(如纸质载体、电子载体);

c)评审和批准,以确保适宜性和充分性。

7.5.3　文件化信息的控制

职业健康安全管理体系和本标准所要求的文件化信息应予以控制,以确保:

a)在需要的场所和时间均可获得并适用;

b)得到充分的保护(如防止失密、不当使用或完整性受损)。

适用时,组织应针对下列活动来控制文件化信息:

——分发、访问、检索和使用;

——存储和保护,包括保持易读性;

——变更控制(如版本控制);

——保留和处置。

组织应识别其所确定的、策划和运行职业健康安全管理体系所必需的、来自外部的文件化信息,适当时应对其予以控制。

注1:"访问"可能指仅允许查阅文件化信息的决定,或可能指允许并授权查阅和更改文件化信息的决定。

注2:"访问"相关文件化信息包括工作人员及其代表(若有)的"访问"。

【相关术语/词语】

(1)3.24 文件化信息 documented information。组织(3.1)需要控制并保持的信息及其载体。

注1:文件化信息可以任何形式和载体存在,并可来自任何来源。

注2:文件化信息可涉及:

1)管理体系(3.10),包括相关过程(3.25);

2)为组织运行而创建的信息(文件);

3)结果实现的证据(记录)。

(2)总则:指规章条例最前面的概括性的条文。

(3)创建:建造,建立。指创立并建造一个新生的事物,这个事物,这一类型以前是不存在的。创,这里是指建立职业健康安全管理体系所需的形成文件的信息。

(4)更新:革新,除旧布新。旧的去了,新的来到。这里是指对建立职业健康安全管理体系形成文件的信息进行必要的"吐故纳新"。

(5)评审:对客体实现所规定目标的适宜性、充分性或有效性的确定。

示例:管理评审、设计和开发(3.4.8)评审、顾客(3.2.4)要求(3.6.4)评审、纠正措施(3.12.2)评审和同行评审。

(6)批准:同意下级的意见、建议或请求。

(7)控制:掌握住不使任意活动或超出范围。

(8)变更:改变、更动。

【理解要求】

(1)职业健康安全管理体系文件化信息有两大类:一是本标准要求的文件化信息,二是组织确定的为确保职业健康安全管理体系有效性必需的文件化信息。

(2)"文件化信息"被用于包含"文件"和"记录"。本标准使用短语"以保留文件化信息作为……的证据"来表示记录,"应作为文件化信息予以保持"来表示文件,包括程序。短语"以保留文件化信息作为……的证据"并非要求所保留的信息将满足法律法规的证据要求,而旨在规定所需保留的记录的类型。这种说法更多反映了许多组织使用电子媒介手段,记录其支持过程和职业健康安全管理体系运行数据和信息的发展动态和实践。

1)文件化信息的程度应该与组织的规模及其活动、过程、产品和服务的类型,证实满足法律法规要求和其他要求的需要,过程的复杂性及其相互作用,工作人员的能力相适应。

2)在创建和更新形成文件的信息时,组织应决定形成文件信息所适用的标识、说明、形式、载体,以及如何评审和批准这些信息。

3)组织应控制职业健康安全管理体系及本标准要求的文件化信息,还应控制对职业健康安全管理体系策划和运行所需的来自外部的文件化信息。

4)控制形成文件的信息,其目的是妥善保护并在需要的场合、时机,均可获得、适用,并使文件化信息本身得到充分的保护。

5)控制形成文件的信息,其方法包括分发、访问、检索和使用,存储和防护,变更控制,保留和处置。这也同样适用于组织确定的、策划和运行职业健康安全管理体系所必需的、来自外部的文件化信息。

6)如形成文件的信息作为符合性证据保留,那么这些信息应被保护以免非预期的修改,组织可仅允许对此类信息进行受控访问。

【举例】

(1)标准要求保持类文件化信息——文件。

1)职业健康安全管理体系范围(4.3);(职业健康安全管理手册)

2)职业健康安全方针(5.2);(职业健康安全管理手册)

3)风险和机遇满足条款(6.1)的一个或多个过程(6.1.1);(风险和机遇的确定及应对措施控制程序)

4)危险源(6.1.2);(危险源辨识及职业健康安全风险评价控制程序)

5)法律法规要求和其他要求(6.1.3);(法律法规和其他要求控制程序)

6)职业健康安全目标(6.2);(目标制定与实现策划控制程序)

7)相关的运行控制(8.1);(各类运行控制程序)

8)应急准备和响应(8.2)。(应急准备和响应控制程序)

(2)标准要求保留类文件化信息——记录。

1)人员能力证据(7.2);

2)内、外部信息交流结果的证据(7.4);

3)相关的运行控制的记录(8.1);

4)应急准备和响应的结果证据(8.2);

5)监视、测量、分析和评价结果的证据(9.1.1);

6)合规性评价结果的证据(9.1.2);

7)内部审核结果的证据(9.2.2);

8)管理评审结果的证据(9.3);

9)事件、不符合性质、后续措施及纠正措施结果的证据(10.2)。

(3)组织确定的实现职业健康安全管理体系有效性所必需的文件化信息:

1)一般通用措施控制程序;

2)设施设备的使用控制措施;

3)危险任务的执行控制措施;

4)危险材料的使用控制措施;

5)采购的货物、设备和服务相关的控制措施;

6)进入工作场所的承包方和访问者相关的控制措施;

7)其他控制程序。

【审核要求】

(1)组织是否控制职业健康安全管理体系及本标准要求的文件化信息,是否控制对职业健康安全管理体系策划和运行所需的来自外部的文件化信息。

(2)标准在职业健康安全管理体系文件化方面赋予了组织更多的弹性和灵活性,着重强调要建立一个文件化的职业健康安全管理体系,而不是一个文件体系。对审核而言,将从过去的单纯依赖于文件和记录的审核真正转换到基于"过程方法"的审核。审核时不能单一使用传统的"有文件吗?""有记录吗?"等问答方式。

(3)审核员应关注组织是否充分识别了职业健康安全管理体系范围内的过程及其相互关系,从系统角度判断组织过程运行,尤其跨部门运行的过程的危险源及其对应的职业健康安全风险控制实施效果进而判断组织为确保过程有效策划、运行和控制所需的过程是否有必要形成文件化信息。

(4)查阅组织文件化信息的明细或清单,是否符合标准的要求、是否满足组织自身职业健康安全管理体系的需要,通过沟通交流,了解组织是如何控制形成文件化信息,是否达到了控制的目的。

(5)现场了解形成文件化信息实际受控情况。

第八节　运　　行

【标准要求】

> **8.1　运行策划和控制**
>
> **8.1.1　总则**
>
> 为了满足职业健康安全管理体系要求和实施第6章所确定的措施,组织应策划、实施、控制和保持所需的过程,通过:
>
> a)建立过程准则;
>
> b)按照准则实施过程控制;
>
> c)保持和保留必要的文件化信息,以确信过程已按策划得到实施;
>
> d)使工作适合于工作人员。
>
> 在多雇主的工作场所,组织应与其他组织协调职业健康安全管理体系的相关部分。

【相关术语/词语】

(1)运行:周而复始地运转,程序正在被使用,过程按程序进行。

(2)策划:积极主动地想办法。谋划、计划。

(3)控制:掌握住不使任意活动或超出范围。

(4)建立:设置、设立、制定、订立。

(5)实施:实际的行为、实践、实际施行。

(6)保持:保留或维持(原状),保全,保护使不受损害。

(7)3.25 过程:将输入转化为输出的一系列相互关联或相互作用的活动。

(8)准则:所遵循的标准或原则。

(9)变更:改变、更动。

【理解要求】

(1)本条款要求组织建立、实施并保持运行策划和控制所需的过程,用来实施第六章条款确定的应对职业健康安全风险和机遇的措施,满足职业健康安全管理体系要求:通过消除危险源,或当消除危险源不可行时将运行区域和活动的职业健康安全风险降低至最低合理可行水平,以增强职业健康安全。

(2)建立的过程要明确的内容:过程的运行准则,按照运行准则实施过程控制。保持和保留必要的文件化信息,使工作与工作人员相适宜。

(3)在组织所属的工作场所,如有多个其他组织参与活动,组织应与其他组织协调职业健康安全管理体系的相关部分。

【举例】

(1)过程的运行控制示例包括:

1)运用工作程序和系统。

2)确保工作人员的能力。

3)建立预防性或预测性的维护和检查方案。

4)货物和服务采购规范。

5)应用法律法规要求和其他要求,或制造商的设备说明书。

6)工程控制和管理控制。

7)使工作与工作人员相适宜,例如通过:

a.规定或重新规定工作的组织方式;

b.引进新工作人员;

c.规定或重新规定过程和工作环境;

d.在设计新的或改造已有的工作场所和设备等时应用人类工效学方法等。

【审核要求】

(1)组织是否按本条款要求建立、实施并保持措施策划和控制所需的过程,通过为过程制定运行准则并对其实施控制,达到满足职业健康安全管理体系要求的目的。

(2)首先,检查现场有否把相关要求规定成文在程序、作业指导书、方法、说明书、工作流程图、看版中,若有,则符合 8.1.1a)的要求,如没有或不适用,则不符合 8.1.1a)的要求,这叫"无章可循",可出具不符合项。其次,观察现场是否按上述程序、作业指导书、方法、说明书、工作流程图、看版等要求做了,若按要求做了,则符合 8.1.1b)的要求;如没有做或不按要求做,则不符合 8.1.1b)的要求,这叫"有章不循",也可出具不符合项。

(3)为了确保过程按策划的要求实施,根据自身需求,保持那些必要的文件(如运行准则、程序文件等),查阅文件化信息清单,抽看文件中是否规定了运行准则及控制方法。

(4)现场观察是否通过规定或重新规定工作的组织方式、引进新工作人员、规定或重新规定过程和工作环境以及在设计新的或改造已有的工作场所和设备时,应用人类工效学方法等使工作适合于工作人员。

【标准要求】

> **8.1.2　消除危险源和降低职业健康安全风险**
>
> 　　组织应通过采用下列控制层级,建立、实施和保持用于消除危险源和降低职业健康安全风险的过程:
>
> 　　a)消除危险源;
>
> 　　b)用危险性低的过程、操作、材料或设备替代;
>
> 　　c)采用工程控制和重新组织工作;
>
> 　　d)采用管理控制,包括培训;
>
> 　　e)使用适当的个体防护装备。
>
> 　　注:在许多国家,法律法规要求和其他要求包括了组织无偿为工作人员提供个体防护装备(PPE)的要求。

【相关术语/词语】

(1)消除:使不存在;除去(不利的事物或隐患)。

(2)危险源:可能导致伤害和健康损害的来源。

(3)降低:下降、减少。

(4)职业健康安全风险:与工作相关的危险事件或暴露发生的可能性与由危险事件或暴露

而导致的伤害和健康损害的严重性的组合。

(5)替代:是指以乙换甲,并起原来由甲或应该由甲起的作用。或说用一物质代替另一物质。

(6)工程控制:利用新技术,采用相应的机械装置,改善控制设施,实施安全保护措施,以降低职业健康安全风险。

(7)管理控制:在实际工作中,为达到某一预期的目的,对所需的各种资源进行正确而有效的组织、计划、协调,并相应建立起一系列正常的工作秩序和管理制度的活动。

(8)个人防护用品(PPE):是 personal protective equipment 的简写,PPE 是指任何供个人为防备一种或多种损害健康和安全的危险而穿着或持用的装置或器具。主要用于保护工作人员免受由于接触化学辐射、电动设备、人力设备、机械设备或在一些危险工作场所而导致伤害和健康损害。

(9)控制:掌握住不使任意活动或超出范围。

(10)建立:设置、设立、制定、订立。

(11)实施:实际的行为、实践、实际施行。

(12)保持:保留或维持(原状),保全,保护使不受损害。

(13)3.25 过程:将输入转化为输出的一系列相互关联或相互作用的活动。

(14)准则:所遵循的标准或原则。

(15)变更:改变、更动。

【理解要求】

(1)为了消除危险源和降低职业健康安全风险,组织应通过采用标准要求的控制层级,建立、实施和保持其一个或多个运行过程。

(2)控制层级旨在提供一种系统的方法来增强职业健康安全、消除危险源和降低或控制职业健康安全风险。每个层级的控制效果低于前一个层级。为了成功地将职业健康安全风险尽可能降低至最低合理可行水平,通常采用多个控制的组合,也可单独使用。

(3)控制层级如下:

1)消除危险源;

2)用危险性低的过程、操作、材料或设备替代;

3)采用工程控制和重新组织工作;

4)采用管理控制,包括培训;

5)使用适当的个体防护装备。

【举例】

以下示例说明了每个层级可以实施的措施:

(1)消除:移除危险源;停止使用危险化学品;在规划新的工作场所时应用人类工效学方法;消除单调的工作或导致负面压力的工作;在某区域不再使用叉车。

(2)替代:用低危险性替代高危险性;改用在线指南来回应顾客抱怨;从源头防止职业健康安全风险;适应技术进步(如用水性漆代替溶剂型漆);更换光滑的地板材料;降低设备的电压要求。

(3)工程控制、工作重组或两者兼用:将人与危险源隔离;实施集体防护措施(如隔离、机械防护装置、通风系统);采用机械装卸;降低噪声;使用护栏防止高空坠落;采用工作重组以避免人员单独工作、有碍健康的工时和工作量,或防止重大伤害。

(4)管理控制,包括培训:实施定期的安全设备检查;实施防止欺凌和骚扰的培训;通过协调分包方的活动来管理健康和安全;实施上岗培训;管理叉车驾驶证;指导工作人员如何报告事件、不符合和受害情况而不用担心遭到报复;改变工作人员的工作模式(如轮班);为已确定处于危险状况(如与听力、手臂振动、呼吸系统疾病、皮肤病或暴露有关的危险)中的工作人员进行健康管理或制定医疗监测方案;给工作人员适当的指令(如入口控制过程)。

(5)个人防护用品:提供充足的PPE,包括服装以及PPE(如安全鞋、防护眼镜、听力保护装备、手套等)的使用和维护说明书。

【审核要求】

(1)查阅组织制定的运行控制过程,是否按标准要求的五个控制层级来消除危险源和降低职业健康安全风险。

(2)现场了解组织过程的实施状态,是否成功地将职业健康安全风险尽可能降低至最低合理可行水平。

【标准要求】

8.1.3 变更管理

组织应建立过程,用于实施和控制所策划的、影响职业健康安全绩效的临时性和永久性变更。这些变更包括:

a)新的产品、服务和过程,或对现有产品、服务和过程的变更,包括:

——工作场所的位置和周边环境;

——工作组织;

——工作条件;

——设备;

——劳动力。

b)法律法规要求和其他要求的变更。

c)有关危险源和职业健康安全风险的知识或信息的变更。

d)知识和技术的发展。

组织应评审非预期性变更的后果,必要时采取措施,以减轻任何不利影响。

注:变更可带来风险和机遇。

【相关术语/词语】

(1)策划:积极主动地想办法。谋划、计划。

(2)控制:掌握住不使任意活动或超出范围。

(3)建立:设置、设立、制定、订立。

(4)实施:实际的行为、实践、实际施行。

(5)3.25过程:将输入转化为输出的一系列相互关联或相互作用的活动。

(6)准则:所遵循的标准或原则。

(7)变更:改变、更动。

【理解要求】

(1)本条款要求组织建立变更管理所需的过程,用于实施和控制所策划的、影响职业健康安全绩效的临时性和永久性变更。

（2）职业健康安全管理体系产生变更，来源于以下四个方面：

1）新的产品、服务和过程，或对现有产品、服务和过程的变更；

2）法律法规要求和其他要求的变更；

3）有关危险源和职业健康安全风险的知识或信息的变更；

4）知识和技术的发展。

（3）对于非预期性变更，组织应评审其后果，因为变更可带来风险和机遇，因此必要时采取措施，以减轻任何不利影响。

【举例】

中国国家标准化委员会于 2020 年 3 月 6 日发布了《职业健康安全管理体系要求及使用指南》（GB/T 45001—2020/ISO 45001:2018），替代 GB/T 28001—2011 和 GB/T 28002—2011 两个标准。对于标准的变更，与之相应的职业健康安全管理体系也应产生变更。原来按照 GB/T 28001—2011 标准建立的职业健康安全管理体系就应该按 GB/T 45001—2020/ISO 45001:2018 标准进行换证审核。

【审核要求】

（1）组织是否按本条款要求建立了变更管理过程，用于实施和控制临时性和永久性变更。

（2）审核组织在技术、设备、设施、工作惯例和程序、设计规范、原材料、人员配置、标准或规定等方面发生变更时，是否通过变更的管理，尽可能使新的危险源和职业健康安全风险最小化。

【标准要求】

> **8.1.4　采购**
>
> **8.1.4.1　总则**
>
> 组织应建立、实施和保持用于控制产品和服务采购的过程，以确保采购符合其职业健康安全管理体系。
>
> **8.1.4.2　承包方**
>
> 组织应与承包方协调其采购过程，以辨识由下列方面所产生的危险源并评价和控制职业健康安全风险：
>
> a）对组织造成影响的承包方的活动和运行；
>
> b）对承包方工作人员造成影响的组织的活动和运行；
>
> c）对工作场所内其他相关方造成影响的承包方的活动和运行。
>
> 组织应确保承包方及其工作人员满足组织的职业健康安全管理体系要求。组织的采购过程应规定和应用选择承包方的职业健康安全准则。
>
> 注：在合同文件中包含选择承包方的职业健康安全准则是有益的。
>
> **8.1.4.3　外包**
>
> 组织应确保外包的职能和过程得到控制。组织应确保其外包安排符合法律法规要求和其他要求，并与实现职业健康安全管理体系的预期结果相一致。组织应在职业健康安全管理体系内确定对这些职能和过程实施控制的类型和程度。
>
> 注：与外部供方进行协调可助于组织应对外包对其职业健康安全绩效的任何影响。

【相关术语/词语】

（1）采购：是指企业在一定的条件下从供应市场获取产品或服务作为企业资源，以保证企业生产及经营活动正常开展的一项企业经营活动;是指个人或单位在一定的条件下从供应市场获取产品或服务作为自己的资源,为满足自身需要或保证生产、经营活动正常开展的一项经营活动。

(2)3.7 承包方 contractor。按照约定的规范、条款和条件向组织(3.1)提供服务的外部组织。

注:服务可包括建筑活动等。

(3)3.29 外包(动词)outsource(verb)。对外部组织(3.1)执行组织的部分职能或过程(3.25)做出安排。

注:虽然被外包的职能或过程处于组织的管理体系(3.10)范围之内,但外部组织则处于范围之外。

(4)建立:设置、设立、制定、订立。

(5)实施:实际的行为、实践、实际施行。

(6)保持:保留或维持(原状),保全,保护使不受损害。

(7)3.25 过程:将输入转化为输出的一系列相互关联或相互作用的活动。

(8)协调:和谐一致,配合得适当,使配合得适当。

(9)确保:切实保持或保证。

【理解要求】

(1)组织应按本条款要求建立、实施并保持用于控制产品和服务采购的过程,采购控制过程的建立可以用于识别、评价和消除采购过程危险源,在它们被引入工作场所之前,降低采购产品、危险材料或物质、原材料、设备或服务带来的职业健康安全风险。

(2)组织的采购过程应规定和应用选择承包方的职业健康安全准则,以确保承包方及其工作人员满足组织的职业健康安全管理体系要求。

(3)组织建立的采购过程应与承包方协调,以辨识承包过程所产生的危险源并评价和控制职业健康安全风险。将活动委派给承包方并不能免除组织对工作人员的职业健康安全责任。

(4)组织的采购过程还应规定外包职能和过程实施控制的类型和程度,应确保其外包安排符合法律法规要求和其他要求,并与实现职业健康安全管理体系的预期结果相一致。这里应注意的是承包和外包,组织对工作人员的职业健康安全责任是不一样的。

【举例】

(1)对采购的设备、装置和材料控制示例:

1)设备按规范交付并得到测试,以确保其按预期工作;

2)安装得到授权(资质与能力认可),以确保他们按照设计运行,按设计功能安装投入使用;

3)材料按规范得到交付;

4)任何使用要求、注意事项或其他防护措施已得到沟通并可获取。

(2)组织与承包方活动的协调工具举例:

1)合同奖励机制;

2)对以往职业健康安全绩效、安全培训或职业健康安全能力加以考虑的资格预审准则;

3)直接的合同要求等。

(3)组织确定对外包职能或过程的控制程度,宜基于诸如以下因素的考虑:

1)外部组织满足组织职业健康安全管理体系要求的能力;

2)组织确定适当的控制措施或评价控制措施的充分性的技术能力;

3)外包的过程或职能对组织实现职业健康安全管理体系预期结果的能力的潜在影响;

4)外包的过程或职能被分担的程度;

5)组织通过应用其采购过程实现必要的控制的能力;

6)改进的机遇。

【审核要求】

(1)组织是否按本条款要求建立、实施并保持用于控制产品和服务采购的过程,查阅产品和服务采购的过程,看其是否确保采购符合其职业健康安全管理体系。

(2)组织制定的采购过程是否规定了与承包方协调的要求,以辨识承包过程所产生的危险源并评价和控制职业健康安全风险;是否规定和应用选择承包方的职业健康安全准则,以确保承包方及其工作人员满足组织的职业健康安全管理体系要求;是否明白将活动委派给承包方并不能免除组织对工作人员的职业健康安全责任。

(3)组织建立的采购过程是否规定外包职能和过程实施控制的类型和程度,确保其外包安排符合法律法规要求和其他要求,并与实现职业健康安全管理体系的预期结果相一致,抽查典型的外包过程是如何控制的。

(4)此处审核员要注意的是,质量管理体系中将原材料供应方、承包方、外包方等组织以外的供方统一称为外部供方,而在职业健康安全管理体系中则又要分列出来,是因为组织对材料供应方。承包方、外包方的工作人员所承担的职业健康安全责任是不一样的。

【标准要求】

8.2　应急准备和响应

为了对 6.1.2.1 中所识别的潜在紧急情况进行应急准备并做出响应,组织应建立、实施和保持所需的过程,包括:

a)针对紧急情况建立所策划的响应,包括提供急救;

b)为所策划的响应提供培训;

c)定期测试和演练所策划的响应能力;

d)评价绩效,必要时(包括在测试之后,尤其是在紧急情况发生之后)修订所策划的响应;

e)与所有工作人员沟通并提供与其义务和职责有关的信息;

f)与承包方、访问者、应急响应服务机构、政府部门、当地社区(适当时)沟通相关信息;

g)必须考虑所有有关相关方的需求和能力,适当时确保其参与制定所策划的响应。

组织应保持和保留关于响应潜在紧急情况的过程和计划的文件化信息。

【相关术语/词语】

(1)应急准备:针对可能发生的事故,为迅速、科学、有序地开展应急行动而预先进行的思想准备、组织准备和物资准备(包括应急设施)。

(2)应急响应:指事故发生后立即采取的应急预案或救援行动。

(3)建立:设置、设立、制定、订立。

(4)实施:实际的行为、实践、实际施行。

(5)保持:保留或维持(原状),保全,保护使不受损害。

(6)3.25 过程:将输入转化为输出的一系列相互关联或相互作用的活动。

(7)潜在的:存在于事物内部尚未显露出来的。

(8)评价:衡量、评定其价值。通过计算、观察和咨询等方法对某个对象进行一系列的复合分析研究和评估,从而确定对象的意义、价值或者状态。

(9)测试:测量、试验、演练、演试。

(10)演练:针对可能发生的事故情景,依据应急预案而模拟开展的应急活动。

【理解要求】

(1)本条款要求组织建立、实施并保持应急准备和响应过程,用来对6.1.2.1条款中所识别的潜在紧急情况进行应急准备并做出响应。

(2)组织建立的应急准备和响应过程一般称之为应急预案或计划,应包括以下7条内容:

1)针对紧急情况建立所策划的响应,包括提供急救;

2)为所策划的响应提供培训;

3)定期测试和演练所策划的响应能力;

4)评价绩效,必要时(包括在测试之后,尤其是在紧急情况发生之后)修订所策划的响应;

5)与所有工作人员沟通并提供与其义务和职责有关的信息;

6)与承包方、访问者、应急响应服务机构、政府部门、当地社区(适当时)沟通相关信息;

7)必须考虑所有有关相关方的需求和能力,适当时确保其参与制定所策划的响应。

(3)组织应保持和保留关于响应潜在紧急情况的过程和计划的文件化信息。即将应急预案形成文件,并保留定期测试和演练及评价绩效人相关记录。

【举例】

(1)各种不同规模紧急情况举例:

1)化学品、危险品(如酒精、油、硫酸等)的搬运、储存、使用过程中发生溅洒或意外泄漏;

2)潜在火灾;

3)潜在的高压容器爆炸,如锅炉;

4)有毒有害气体储存罐、管道的潜在泄露,如石油气、煤气;

5)安全保护设备的失灵;

6)生产过程的异常排放等;

7)自然灾害、恶劣天气;

8)公用设施供应的中断,如电力中断等交通事故。

(2)建立应急预案时考虑因素举例:

1)实际和潜在的外部环境状况,包括自然灾害;

2)现场危险的类型,如存在易燃液体、贮罐、压缩气体等,以及发生溅洒或意外泄漏时的应对措施;

3)对紧急情况或事故类型和规模的预测;

4)设备和资源的需求;

5)周边设施(如工厂、道路、铁路等)可能发生的紧急情况;

6)处理紧急情况的最适当方法;

7)将职业健康安全风险降到最低的措施;

8)应急组织及职责;

9)疏散路线和集合地点;

10)关键人员和救援机构(如消防、泄漏清理等部门)名单,包括详细联络信息;

11)临近单位相互支援的可能性;

12)内、外部信息交流的过程；

13)针对不同类型的紧急情况的补救和响应措施；

14)紧急情况发生后评价、制定和实施纠正及预防措施的需要；

15)定期试验应急响应程序；

16)危险材料说明，包括每种材料对环境的潜在影响，以及一旦发生泄漏事故时所应采取的措施；

17)包括应急响应人员在内的培训或能力要求及有效性试验等。

(3)应急程序的定期测试和演练。

应急程序的测试和演练可以确保组织能够对紧急情况做出响应，测试可包含外部应急服务提供者，以便建立有效的工作关系。这可以改善应急期间的沟通与协作。应急演练可用于评估组织的应急程序、设备和培训，也可提高对应急响应协议的整体意识。内部各方(如员工等)和外部各方(如消防人员等)均可包含在演练中，以提高对应急响应程序的意识和理解。组织宜保持应急演练记录。所记录的信息种类包括：演练状况和范围的描述，事件和活动的时间线，对任何显著成绩或问题的观察。记录的形式可以是文字、照片和录音录像等。

(4)应急预案的评价绩效举例：

1)综合应急预案评审；

2)单项应急预案评审；

3)现场处置方案评审等。

【审核要求】

(1)组织是否按本条款要求建立、实施并保持了应急准备和响应过程，用以对所识别的潜在紧急情况进行应急准备并做出响应，预防和减小紧急情况引起的职业健康安全风险。

(2)组织识别了哪些潜在的事件或紧急情况，是否针对火灾、爆炸、危险化学品泄露等紧急情况制定了有关的应急预案，对其进行定期测试和演练，并评价绩效。

(3)查阅相关证据，通过定期演练记录，判断应急预案的可操作性，通过评价绩效的记录，看其是否进行了必要的修订。

(4)通过面对面交流，了解相关人员对应急准备和响应预案的熟悉程度。

(5)现场观察应急响应设备是否可利用且足量，是否储存在易获得的场所且安全存放并加以防护，以免损坏。这些设备是否定期检查和(或)测试，以确保在紧急状况下随时可投入使用。

(6)应关注生产安全事故应急预案与突发环境污染事故应急预案的区别。毕竟潜在的事故类别不一样，不少组织职业健康安全管理体系中的应急预案与环境管理体系中的应急预案是完全一样的，没有注意到其中的不同。

第九节　绩　效　评　价

【标准要求】

> **9.1　监视、测量、分析和评价绩效**
>
> **9.1.1　总则**
>
> 组织应建立、实施和保持用于监视、测量、分析和评价绩效的过程。
>
> 组织应确定：

a)需要监视和测量的内容,包括:

1)满足法律法规要求和其他要求的程度;

2)与所辨识的危险源、风险和机遇相关的活动和运行;

3)实现组织职业健康安全目标的进展情况;

4)运行控制和其他控制的有效性。

b)适用时,为确保结果有效而所采用的监视、测量、分析和评价绩效的方法。

c)组织评价其职业健康安全绩效所依据的准则。

d)何时应实施监视和测量。

e)何时应分析、评价和沟通监视和测量的结果。

组织应评价其职业健康安全绩效并确定职业健康安全管理体系的有效性。

组织应确保监视和测量设备在适用时得到校准或验证,并被适当使用和维护。

注:法律法规要求和其他要求(如国家标准或国际标准)可能涉及监视和测量设备的校准或检定。

组织应保留适当的文件化信息:

——作为监视、测量、分析和评价绩效的结果的证据;

——记录有关测量设备的维护、校准或验证。

【相关术语】

(1)3.27 绩效 performance。可测量的结果。

注1:绩效可能涉及定量或定性的发现。结果可由定量或定性的方法来确定或评价。

注2:绩效可能涉及活动、过程(3.25)、产品(包括服务)、体系或组织(3.1)的管理。

(2)评价:衡量、评定其价值。通过计算、观察和咨询等方法对某个对象进行一系列的复合分析研究和评估,从而确定对象的意义、价值或者状态。

本条款中可理解绩效评价是为确定主题事项在实现所制定的职业健康安全管理体系目标方面的适宜性、充分性和有效性所开展的一项活动。

(3)3.28 职业健康安全绩效 occupational health and safety performance;

职业健康安全绩效 OH&S performance。

与防止对工作人员(3.3)的伤害和健康损害(3.18)以及提供健康安全的工作场所(3.6)的有效性(3.13)相关的绩效(3.27)。

(4)有效性:是指对完成所策划的活动与达到所策划的结果的程度的度量。

(5)3.30 监视 monitoring。确定体系、过程(3.25)或活动的状态。

注:为了确定状态,可能需要检查、监督或批判地观察。

本条款中对监视的理解可包含持续的检查、监督、严格观察或确定状态,以便识别所要求的或所期望的绩效水平的变化。监视可适用于职业健康安全管理体系、过程或控制。示例包括访谈、对文件化信息的评审和对正在执行的工作的观察。

(6)3.31 测量 measurement。确定值的过程(3.25)。

本条款中对测量的理解通常涉及为目标或事件赋值。它是定量数据的基础,并通常与安全方案和健康监护的绩效评价有关。示例包括使用经校准或验证的设备来测量有害物质的暴露,或计算危险源安全距离。

(7)分析:分解、辨析。将事物、现象、概念分门别类,离析出本质及其内在联系。

本条款中可理解为检查数据以揭示关系、模式和趋势的过程。这可能意味着采用统计运算,包括使用来自其他类似组织的信息,以有助于从数据中得出结论。该过程常常与测量活动相关。

【理解要求】

(1)本标准要求组织应对职业健康安全和职业健康安全管理体系的有效性进行监视、测量、分析和自我评价,并保留适当的文件化信息,以作为监视、测量、分析和评价绩效的结果的证据。

(2)评价应在监视、测量、分析的结果上进行,标准要求组织在明确监视和测量内容,监视、测量、分析和评价方法,评价的准则,监视和测量的时机,对监视和测量的结果进行分析和评价的时机做出规定。但标准对这些都没有具体要求,而是由组织根据自身的性质、特点和自身需求来确定。

(3)如果组织有自己的监测设备,则应规定进行校准或验证,并对其进行维护,保留维护、校准或验证的证据。

【举例】

(1)监视和测量的内容举例如下:

1)职业健康抱怨、工作人员的健康(通过监护)和工作环境;

2)与工作相关的事件、伤害和健康损害,以及抱怨,包括其趋势;

3)运行控制和应急演练的有效性,或者更改现有控制或引入新的控制的需求;

4)能力。

(2)某组织安全检查分类示例:

1)安全检查的类别,如日常检查、节假日检查、专项检查;

2)安全检查的时机,月、季、年;

3)安全检查的方法,检查、观察、监视、测量。

(3)某组织安全检查内容示例:

1)用点烟器测试;

2)强制启动报警按钮;

3)消防卷帘门测试;

4)消防水池水位检查;

5)应急物质数量、可用性检查等。

【审核要求】

(1)组织是否按本标准的要求建立、实施和保持用于监视、测量、分析和评价绩效的过程。过程是否对监视和测量内容,监视、测量、分析和评价方法,评价的准则,监视和测量的时机,对监视和测量的结果进行分析和评价的时机做出具体规定,了解按规定实施情况,并查阅监视、测量、分析和评价绩效的结果的证据。

(2)查阅用于职业健康安全监测的设备,是否按规定实施校准或验证,查维护的情况,查保持的记录。

【标准要求】

9.1.2　合规性评价
组织应建立、实施和保持用于对法律法规要求和其他要求(见 6.1.3)的合规性进行评价的过程。
组织应:

a)确定实施合规性评价的频次和方法；

b)评价合规性，并在需要时采取措施(见10.2)；

c)保持对其关于法律法规要求和其他要求的合规状况的认识和理解；

d)保留合规性评价结果的文件化信息。

【相关术语/词语】

(1)3.9 法律法规要求和其他要求 legal requirements and other requirements。

组织(3.1)必须遵守的法律法规要求，以及组织必须遵守或选择遵守的其他要求(3.8)。

注1:对本标准而言，法律法规要求和其他要求是与职业健康安全管理体系(3.11)相关的要求。

注2:"法律法规要求和其他要求"包括集体协议的规定。

注3:法律法规要求和其他要求包括依法律、法规、集体协议和惯例而确定的工作人员(3.3)代表的要求。

(2)评价:衡量、评定、分析、评论。评价是为了考量预设目标的实现程度而持续不断地运用有效方法与技术采集、筛选和分析信息，进行价值判断，指导问题解决的系统行动过程。

(3)合规性评价:组织在实施环境管理体系和职业健康安全管理体系管控活动中，由体系主要管控人员(管理层、内审员，必要时可吸纳外部的相关方)对重要环境因素/危险源管控是否符合法规、标准、相关方要求，所开展的一项评审活动，评审活动的结论作为管理评审的输入。合规性评价实际上如同管理评审，没有固定的格式。

(4)建立:设置、设立、制定、订立。

(5)实施:实际的行为、实践、实际施行。

(6)保持:保留或维持(原状)，保全，保护使不受损害。

(7)过程:将输入转化为输出的一系列相互关联或相互作用的活动。

【理解要求】

(1)组织应按标准建立、实施并保持合规性评价过程，用以评价其合规义务履行情况。

(2)履行遵守适用法律法规要求和其他要求是组织职业健康安全管理体系重要活动，也是组织义不容辞的责任。

(3)合规性评价过程应强调了确定合规性评价的频次和方法，针对合规性情况必要时采取措施，保持合规性状况的认识和理解，保留合规性评价结果的文件化信息，作为合规性评价结果的证据。

【举例】

(1)合规性评价的频次和时机可能根据要求的重要性、运行条件的变化、合规义务的变化，以及组织以往绩效而有所不同，由组织视需要而定。

(2)如果合规性评价结果表明未遵守法律法规要求，组织则需要确定并采取必要措施以实现合规性，这可能需要与监管部门进行沟通，并就采取一系列措施满足其法律法规要求签订协议。协议一经签订，则成为合规义务。

(3)常用合规性评价的方法举例:

1)审核；

2)执法检查的结果；

3)对法律法规和其他要求的分析；

4)对职业健康安全风险评价的文件和(或)记录的评审;

5)访谈;

6)对设施、设备和区域的检查;

7)对职业健康安全技改项目或工作的评审;

8)对监视和测试结果的分析等。

(4)合规性评价的形式:合规性评价可与管理评审或其他活动相结合。这些活动可包括管理体系审核、环境审核或质量保证检查。

【审核要求】

(1)组织是否按标准要求建立、实施并保持了合规性评价过程,用来评价其合规义务履行情况。

(2)合规性评价过程是否强调了确定合规性评价的频次,针对违规情况必要时采取措施,保持合规状况的认识和理解等要求,对保留文件化信息是否有要求。

(3)查阅合规性评价的记录,判断组织合规性评价的有效性。

(4)如果发现有法律法规和其他要求有不合规的情况,是否及时采取纠正和纠正措施,应跟踪审核措施实施情况,验证措施的有效性,确保实现履行合规性义务的承诺。

(5)合规性评价结果应作为管理评审输入,审核时要予以关注。

【标准要求】

9.2 内部审核

9.2.1 总则

组织应按策划的时间间隔实施内部审核,以提供下列信息:

a)职业健康安全管理体系是否符合:

1)组织自身的职业健康安全管理体系要求,包括职业健康安全方针和职业健康安全目标;

2)本标准的要求。

b)职业健康安全管理体系是否得到有效实施和保持。

9.2.2 内部审核方案

组织应:

a)在考虑相关过程的重要性和以往审核结果的情况下,策划、建立、实施和保持包含频次、方法、职责、协商、策划要求和报告的审核方案;

b)规定每次审核的审核准则和范围;

c)选择审核员并实施审核,以确保审核过程的客观性和公正性;

d)确保向相关管理者报告审核结果,确保向工作人员及其代表(若有)以及其他有关的相关方报告相关的审核结果;

e)采取措施,以应对不符合和持续改进其职业健康安全绩效(见第10章);

f)保留文件化信息,作为审核方案实施和审核结果的证据。

注:有关审核和审核员能力的更多信息参见 GB/T 19011。

【相关术语/词语】

(1)3.32 审核 audit。为获得审核证据并对其进行客观评价,以确定满足审核准则的程度所进行的系统的、独立的和文件化的过程(3.25)。

注1:审核可以是内部(第一方)审核或外部(第二方或第三方)审核,也可以是一种结合(结合两个或多个领域)的审核。

注2:内部审核由组织(3.1)自行实施或由外部方代表其实施。

(2)审核方案:针对特定时间段并具有特定目标所策划的一组(一次或多次)审核安排。

(3)审核范围:审核的内容和界限。

(4)审核计划:对审核活动和安排的描述。

(5)审核准则:用于与客观证据进行比较的一组方针程序或要求。

(6)总则:指规章条例最前面的概括性的条文。

(7)方案:工作或行动的计划,制定的法式、条例等。

【理解要求】

(1)内部审核,有时称为第一方审核,简称"内审",由组织,自己或以组织的名义进行,用于管理评审和其他内部目的,可作为组织自我合格声明的基础。可以由与正在被审核的活动无责任关系的人员进行,以证实独立性。获取有关职业健康安全管理体系绩效和有效性的信息,确保达成策划的安排,有效实施并保持职业健康安全管理体系。

(2)组织应按计划的时间间隔实施内部审核。组织应策划、制定、实施和保持审核方案,针对特定时间段并具有特定目标所策划的一组(一次或多次)审核安排,审核方案应包括:频次、方法、职责、策划要求和报告。

(3)组织根据自身的需求,确定每次内审的准则和范围。

(4)在确定审核组内审人员时,组织为确保审核客观和公正,一般情况下内审员不应审核自身的工作。

(5)每次内审结束,应形成内部审核报告,经组织的最高管理者批准后下发相关部门。

(6)内部审核报告中出据的不符合项,责任部门应在查找原因的基础上,及时采取适当的纠正和纠正措施。

(7)要保留作为实施审核方案以及审核结果的证据。

【举例】

(1)审核频次:通过审核计划(如月度、季度、年度)来体现。在确定审核频次时,组织应考虑过程运行的频次、过程的成熟度或复杂度,过程变更以及内部审核方案的目标。例如,过程越成熟,需要内部审核时间可能就越少;过程越复杂,需要的内部审核就越频繁。

(2)审核方法:访谈、查阅记录、现场观察及重复验证。

(3)审核准则:用于与客观证据进行比较的一组方针、程序或要求。具体到职业健康安全管理体系审核准则是,与职业健康安全有关的法律法规、与职业健康安全管理体系有关的标准、组织的职业健康安全管理体系文件及相关方要求。

(4)审核证据:与审核准则有关并能够证实的记录、事实陈述或其他信息。

(5)审核范围:可以是具体部门、产品生产线、某个过程和设施,涉及的标准要求条款及某个时间段。

(6)一般情况下,内审应保留以下文件化信息:

1)内部审核计划;

2)内部审核计划发放登记表；

3)内部审核首次会议签到表(会议记录)；

4)内部审核末次会议签到表(会议记录)；

5)内部审核报告；

6)内部审核报告发放登记表；

7)不符合项报告(尽量闭环)；

8)检查表汇总。

【审核要求】

(1)组织是否按本标准的要求,在计划的时间间隔内实施了内部审核。

(2)查阅内部审核形成文件的有关信息,审核组织的内部审核活动是否符合标准的要求。

(3)查看内审中开出的不符合项,现场验证其采取的纠正和纠正措施实施的有效性。

【标准要求】

9.3 管理评审

最高管理者应按策划的时间间隔对组织的职业健康安全管理体系进行评审,以确保其持续的适宜性、充分性和有效性。

管理评审应包括对下列事项的考虑:

a)以往管理评审所采取措施的状况。

b)与职业健康安全管理体系相关的内部和外部议题的变化,包括:

1)相关方的需求和期望；

2)法律法规要求和其他要求；

3)风险和机遇。

c)职业健康安全方针和职业健康安全目标的实现程度。

d)职业健康安全绩效方面的信息,包括以下方面的趋势:

1)事件、不符合、纠正措施和持续改进；

2)监视和测量的结果；

3)对法律法规要求和其他要求的合规性评价的结果；

4)审核结果；

5)工作人员的协商和参与；

6)风险和机遇。

e)保持有效的职业健康安全管理体系所需资源的充分性。

f)与相关方的有关沟通。

g)持续改进的机会。

管理评审的输出应包括与下列事项有关的决定:

——职业健康安全管理体系在实现其预期结果方面的持续适宜性、充分性和有效性；

——持续改进的机会；

——任何对职业健康安全管理体系变更的需求；

——所需资源；

——措施(若需要);

——改进职业健康安全管理体系与其他业务过程融合的机会;

——对组织战略方向的任何影响。

最高管理者应就相关的管理评审输出与工作人员及其代表(若有)进行沟通(见7.4)。

组织应保留文件化信息,以作为管理评审结果的证据。

【相关术语/词语】

(1)评审:对客体实现所规定目标的适宜性、充分性或有效性的确定。

示例:管理评审、设计和开发评审、顾客要求评审、纠正措施评审和同行评审。

注:评审也可包括确定效率。

(2)管理评审:是组织在实施管理体系管控活动中、由组织的最高管理者亲自主持的一项评审活动。对该组织的整个管理体系(包括质量、环境、职业健康安全等有标准要求的体系)执行状况进行的评估,应该涉及:外部机构,顾客等对该组织的审核状况,各项组成部门的管理目标达成状况,过程绩效体现和产品符合性评估,纠正措施、改善措施成效,各项资源配备的评估等。

(3)适宜性:是指职业健康管理体系如何适合于组织,其运行、其文化及业务系统。

(4)充分性:是指职业健康安全管理体系是否得到恰当的实施。

(5)有效性:是指职业健康安全管理体系是否正在实现预期结果。

(6)输入:包括物质输入、能量输入、信息输入。这里主要是指职业健康安全管理体系运行情况的信息输入。

(7)输出:过程的结果。这里指的是管理评审结果信息的输出。

【理解要求】

(1)组织的最高管理者应按计划的时间间隔对组织的职业健康安全管理体系进行评审。管理评审应由最高管理者主持,评审对象是组织的职业健康安全管理体系,包括职业健康安全方针和目标、变更的需要、职业健康安全绩效方面的信息、资源的充分性、相关方的信息交流、持续改进的机会等。

(2)管理评审的目的是确保职业健康安全管理体系持续的适宜性、充分性和有效性。

(3)职业健康安全管理评审输入应包括以下内容:

1)以往管理评审所采取措施的状况。

2)与职业健康安全管理体系相关的内部和外部议题的变化,包括:

a.相关方的需求和期望;

b.法律法规和其他要求;

c.风险和机遇。

3)职业健康安全方针和职业健康安全目标的实现程度。

4)组织职业健康安全绩效方面的信息,包括以下方面的趋势:

a.事件、不符合、纠正措施和持续改进;

b.监视和测量的结果;

c.对法律法规要求和其他要求的合规性评价的结果;

d.审核结果;

e.工作人员的协商和参与;

f.风险和机遇。

5)资源的充分性。

6)与相关方的有关沟通。

7)持续改进的机会。

(4)职业健康安全管理评审的输出应包括以下内容:

1)对职业健康安全管理体系的持续适宜性、充分性和有效性的结论;

2)持续改进机会;

3)任何对职业健康安全管理体系变更的需求;

4)所需资源;

5)措施(如需要);

6)对组织战略方向的任何影响。

(5)最高管理者应就相关的管理评审输出与工作人员及其代表进行沟通。

(6)组织应保留文件化信息,作为管理评审结果的证据。

【举例】

(1)评审频次:应按策划的时间间隔,一般不超过 12 个月。

(2)审核方法:管理评审应当是高层次的,不必对详尽信息进行彻底评审。不需要同时处理所有管理评审主题,评审可在一段时期内开展,并可能成为定期安排的管理活动的一部分,例如董事会议或运营会议。它不需要成为一项单独的活动。

(3)职业健康安全管理评审的输入,不少组织是通过职业健康安全管理体系中各有关部门的体系运行工作总结来体现的。职业健康安全管理评审的输出,一般是通过管理评审报告的形式来体现。

(4)保留管理评审文件化信息举例:

1)管理评审计划;

2)管理评审计划发放登记;

3)管理评审会议签到表;

4)管理评审会议会议记录;

5)各部门职业健康安全管理体系运行工作汇总(即管理评审输入资料);

6)管理评审报告;

7)管理评审报告发放登记;

8)管理评审整改要求(应附有整改措施实施情况的跟踪记录)。

【审核要求】

(1)组织的最高管理者是否按标准的要求,按计划的时间间隔对组织的职业健康安全管理体系进行评审,以确保职业健康安全管理体系的持续的适宜性、充分性和有效性。

(2)查阅管理评审的有关记录,审核组织的管理评审活动是否符合标准的要求。

(3)对管理评审中提出要改进的问题,是否及时进行了整改,对采取的纠正和纠正措施,现场验证其实施的有效性。

第十节 改 进

【标准要求】

> **10.1 总则**
>
> 组织应确定改进的机会(见该标准第9章),并实施必要的措施,以实现其职业健康安全管理体系的预期结果。

【相关术语/词语】

(1)改进:提高绩效的活动。

注:活动可以是循环的或一次性的。

改进的例子可包括纠正、纠正措施、持续改进、突破性变革、创新和重组。

(2)总则:指规章条例最前面的概括性的条文。

(3)确定:固定,明确肯定。

(4)实施:实际的行为、实践、实际施行。

(5)措施:就是方法、方式、方案、解决问题的途径、办法。

(6)预期结果:希望未来能得到的结果。

【理解要求】

(1)改进是改变旧有情况,使有所进步。组织应确定职业健康安全管理体系需要改进机会,实施必要的措施,改进职业健康安全管理体系的绩效和有效性。

(2)改进的措施很多,包括纠正、纠正措施、持续改进、突破性变革、创新和重组,组织根据自身情况选择适宜的方法。

【举例】

(1)职业健康安全管理体系需要改进的例子:

1)领导参与和重视不够;

2)职业健康安全方针和职业健康安全目标适宜性不够;

3)资源配置不尽合理;

4)某些文件可操作性不强等。

【审核要求】

(1)审核组织是如何确定和选择职业健康安全管理体系改进的机会。

(2)针对选择改进的机会,采取了哪些措施,有效性如何。

【标准要求】

> **10.2 事件、不符合和纠正措施**
>
> 组织应建立、实施和保持包括报告、调查和采取措施在内的过程,以确定和管理事件和不符合。
>
> 当事件或不符合发生时,组织应:
>
> a)及时对事件和不符合做出反应,并在适用时:

1)采取措施予以控制和纠正；

2)处置后果。

b)在工作人员的参与(见5.4)和其他相关方的参加下,通过下列活动,评价是否采取纠正措施,以消除导致事件或不符合的根本原因,防止事件或不符合再次发生或在其他场合发生：

1)调查事件或评审不符合；

2)确定导致事件或不符合的原因；

3)确定类似事件是否曾经发生过,不符合是否存在,或它们是否可能会发生。

c)在适当时,对现有的职业健康安全风险和其他风险的评价进行评审(见6.1)。

d)按照控制层级(见8.1.2)和变更管理(见8.1.3),确定并实施任何所需的措施,包括纠正措施。

e)在采取措施前,评价与新的或变化的危险源相关的职业健康安全风险。

f)评审任何所采取措施的有效性,包括纠正措施。

g)在必要时,变更职业健康安全管理体系。

纠正措施应与事件或不符合所产生的影响或潜在影响相适应。

组织应保留文件化信息作为以下方面的证据：

——事件或不符合的性质以及所采取的任何后续措施；

——任何措施和纠正措施的结果,包括其有效性。

组织应就此文件化信息与相关工作人员及其代表(若有)和其他有关的相关方进行沟通。

注:及时报告和调查事件可有助于消除危险源和尽快降低相关职业健康安全风险。

【相关术语/词语】

(1)3.34 不符合 nonconformity。未满足要求(3.8)。

注:不符合与本标准的要求和组织(3.1)自己确定的职业健康安全管理体系(3.11)附加的要求有关。

(2)3.36 纠正措施 corrective action。为消除不符合(3.34)或事件(3.35)的原因并防止再次发生而采取的措施。

注:该术语和定义是《"ISO/IEC 导则第 1 部分"的 ISO 补充合并本》附录 SL 所给出 ISO 管理体系标准的通用术语和核心定义之一。由于"事件"是职业健康安全的关键因素,通过纠正措施来应对事件所需的活动与应对不符合所需的活动相同,因此,该术语定义被改写为包括对"事件"的引用。

(3)3.35 事件 incident。由工作引起的或在工作过程中发生的可能或已经导致伤害和健康损害(3.18)的情况。

注 1:发生伤害和健康损害的事件有时被称为"事故"。

注 2:未发生但有可能发生伤害和健康损害的事件在英文中称为"near - miss"、"near - hit"或"close call",在中文中也可称为"未遂事件""未遂事故"或"事故隐患"等。

注 3:尽管事件可能涉及一个或多个不符合(3.34),但在没有不符合(3.34)时也可能会发生。

(4)确定:固定,明确肯定。

(5)实施:实际的行为、实践、实际施行。

(6)评审:对客体实现所规定目标的适宜性、充分性或有效性的确定。

【理解要求】

(1)为确定和管理事件和不符合,组织应按本条款的要求建立、实施和保持包括报告、调查和采取措施在内的过程。

(2)当事件或不符合发生时,组织应对此及时做出反应,反应包括:采取措施予以控制和纠正,处置后果。减少其对职业健康安全造成的不良影响。

(3)找出导致事件或不符合的根本原因,采取适当的纠正措施,防止事件或不符合再次发生或在其他场合发生。要做以下三件事:

1)调查事件或评审不符合;

2)确定导致事件或不符合的原因;

3)确定类似事件是否曾经发生过,不符合是否存在,或它们是否可能会发生。

(4)对现有的职业健康安全风险和其他风险的评价进行评审。

(5)确定所需的措施,包括纠正措施,纠正措施应与事件或不符合所产生的影响或潜在影响相适应。

(6)评价与新的或变化的危险源相关的职业健康安全风险。

(7)实施所需的措施,评审采取措施的有效性。

(8)在必要时,变更职业健康安全管理体系。

(9)纠正与纠正措施有着不同的概念。纠正是针对不符合对象(产品、过程或体系)的不符合事实本身所采取的措施,通过该措施的实施可达到消除已经发生的不符合,尽量减少对职业健康安全有害影响,但此类不符合也可能今后还会再发生;而纠正措施则是为消除造成不符合事实的真正原因所采取的措施,通过该措施的实施,可达到防止同类不符合的不再发生或减少发生的目的。

(10)组织应保留下列文件化信息:

1)事件或不符合的性质以及所采取的任何后续措施;

2)任何措施和纠正措施的结果,包括其有效性。

(11)组织应就上述文件化信息,与相关工作人员及其代表和其他有关的相关方进行沟通。

【举例】

(1)事件、不符合和纠正措施的示例可包括(但不限于):

1)事件:平地跌倒(无论有无损伤),腿部骨折,石棉肺,听力损伤,可能导致职业健康安全风险的建筑物或车辆的损坏;

2)不符合:防护设备不能正常工作,未满足法律法规要求和其他要求,或未执行规定的程序;

3)纠正措施:消除危险源,用低危险性材料替代,重新设计或改造设备或工具,制定程序,提升受影响的工作人员的能力,改变使用频率,使用个人防护用品。

【审核要求】

(1)组织是否按本标准的要求,建立了"事件、不符合和纠正措施控制程序",对事件、不符合报告、调查和采取措施,以确定和管理事件和不符合。

(2)当事件或不符合发生时,组织是如何进行纠正的,又是如何采取纠正措施的。

(3)查询组织职业健康安全管理体系中不符合与纠正措施的相关记录。

（4）现场抽查纠正和纠正措施的有效性。

【标准要求】

10.3 持续改进

组织应通过下列方式持续改进职业健康安全管理体系的适宜性、充分性与有效性：

a）提升职业健康安全绩效；

b）促进支持职业健康安全管理体系的文化；

c）促进工作人员参与职业健康安全管理体系持续改进措施的实施；

d）就有关持续改进的结果与工作人员及其代表（若有）进行沟通；

e）保持和保留文件化信息作为持续改进的证据。

【相关术语/词语】

（1）3.37 持续改进 continual improvement。提高绩效（3.27）的循环活动。

注 1：提高绩效涉及使用职业健康安全管理体系（3.11），以实现与职业健康安全方针（3.15）和职业健康安全目标（3.17）相一致的整体职业健康安全绩效（3.27）的改进。

注 2：持续并不意味着不间断，因此活动不必同时在所有领域发生。

（2）适宜性：是指职业健康管理体系如何适合于组织、其运行、其文化及业务系统。

（3）充分性：是指职业健康安全管理体系是否得到恰当地实施。

（4）有效性：是指职业健康安全管理体系是否正在实现预期结果。

（5）3.28 职业健康安全绩效 occupational health and safety performance；

职业健康安全绩效 OH&S performance。

与防止对工作人员（3.3）的伤害和健康损害（3.18）以及提供健康安全的工作场所（3.6）的有效性（3.13）相关的绩效（3.27）。

【理解要求】

（1）组织应通过下列方式持续改进职业健康安全管理体系的适宜性、充分性与有效性：

1）提升职业健康安全绩效；

2）促进支持职业健康安全管理体系的文化；

3）促进工作人员参与职业健康安全管理体系持续改进措施的实施；

4）就有关持续改进的结果与工作人员及其代表（若有）进行沟通；

5）保持和保留文件化信息作为持续改进的证据。

（2）成功的组织应持续关注改进。持续提升职业健康安全绩效水平，是组织一项长期的战略任务。也唯有如此，才能达到持续改进职业健康安全管理体系的适宜性、充分性和有效性的目的。

【举例】

（1）持续改进议题的示例：

1）新技术；

2）组织内部和外部的良好实践；

3）相关方的意见和建议；

4）职业健康安全相关议题的新知识和新理解；

5）新的或改进的材料；

6)工作人员能力或技能的变化；

7)用更少的资源(如简化、精简等)实现绩效改进。

【审核要求】

(1)查询组织为持续改进职业健康安全管理体系的适宜性、充分性和有效性，是否建立了持续改进的机制，以及如何实施，效果如何。

(2)是否倡导工作人员参与改进，做了哪些工作，效果如何。

第三章　应对风险和机遇的措施

第一节　危险源产生本质

一、危险源的本质

危险源是可能导致人身伤害和(或)健康损害的根源、状态或行为,或其组合。危险源尽管种类繁多,在不同行业的表现形式也各不相同,但从本质上讲,之所以造成风险,均可归结为:存在能量、有害物质和能量及有害物质的失控两方面因素的综合作用,导致能量的意外释放或有害物质泄漏、散发的结果。所以危险本质是存在能量、有害物质和能量及有害物质的失控。

二、危险源产生的两大因素

1. 存在能量、有害物质

企业的生产活动就是将能量及相关的物质(原辅料也包含有害物质)转化为产品的过程,因而存在能量和有害物质是不可以避免的,这就是所谓的第一类危险源。它是危险产生的物质基础和内在原因。它一般决定造成人身伤害或健康损害后果的严重性。

(1)能量。一切产生能量的能源、能量的载体在一定条件下都可能是危险源。比如,机械压力机、加工机床运转部件和工件的动能,吊起重物(高处作业)势能,各种热加工高温作业的热能、光能,各种电器的电能、辐射能,噪声的声能,锅炉、压力容器一旦爆炸产生的冲击波和温度、压力等,静止的工件棱角、毛刺,地面之所以能伤害人体,也是人体相对摔倒时动能、势能造成的,这些在一定条件下都能造成各类事故。

(2)有害物质。工业粉尘、有害物质、腐蚀物质、窒息性气体,当它们直接与人体或物体发生接触时,能损伤人体的生理机能和正常的生理代谢功能,破坏物体和物品的效能,导致人员的死亡、职业病、健康损害等。有害物质包括诸如作为原辅料的铸造的硅砂,涂装的苯系涂料,钢材预处理的酸碱溶液,生产过程生成的焊接粉尘、磨削油烟,工业炉窑的烟尘等。

2. 能量和有害物质的失控

生产中,企业通过工艺流程和工艺装置使能量、物质(包括有害物质)按人们的意愿在系统中流动、转换、生产产品,但同时也必须采取必要的控制措施,约束、限制这些能量和有害物质的意外释放。一旦发生失控,就会发生能量和有害物质的意外释放,从而导致人身伤害或健康损害,甚至人员伤亡。所以,失控也是一种危险源,即所谓的第二类危险源。它决定了危险事件发生的可能性大小。

造成失控的原因主要有以下四个方面:

(1)设备故障。

1)设备(包括生产系统、设备、控制系统、安全装置、辅助设施等及其元器件)由于性能低下而不能实现预定功能；

2）压力机保护装置失灵造成断指伤害；

3）车床卡盘失效造成工件飞逸伤人；

4）电器绝缘损坏造成漏电伤害；

5）涂装通风装置故障造成作业现场苯系物浓度超标；

6）起重机械的限位装置失效造成重物坠落伤人；

7）泄压安全装置故障造成压力容器破裂、有害物质泄漏散发、易燃气体泄漏发生火灾；

8）车辆制动系统失灵造成交通事故等。

（2）人员失误。

1）现场操作人员的行为结果偏离了作业标准要求或安全惯例，使事故有可能或有机会发生的行动；

2）在手未离开冲头工作范围时，误踏压力机开关造成断指；

3）不按规定装卡工件，致使车削工件飞逸伤人；

4）在焊接、涂装、铸件清理作业中不按规定佩戴防护用具；

5）在设备检修时，误触开关使检修中的线路漏电、设备意外启动；

6）在起重作业中，吊锁具使用不当、吊重挂绑方式不当，使钢丝绳断裂、吊重失效坠落等。

（3）管理缺陷。

1）物的管理缺陷：作业现场、作业环境的安排设置不合理，防护用品缺少，危险标识不全、不准确等；

2）人的管理缺陷：教育、培训不够，对作业任务安排不当等；

3）规章制度缺陷：作业程序、工艺流程、操作规程制定的不合理等。

（4）环境缺陷。

1）作业场所的温度、湿度、通风、照明、换气、视野、色彩、噪声、振动等环境条件本身就是危险源，而且它们也是引起人员失误或设备故障的重要原因；

2）在阴雨潮湿的季节，使用手持电动工具，如果防护不当很容易漏电，造成操作者触电；

3）在雾天野外起重作业，由于视野不良、照明不好、信号辨识不清，很容易引起操作或指挥失误而发生事故。

第二节　危险源分类

人员伤害和健康损害事件的发生往往是上述两类危险源共同作用的结果。第一类危险源是人员伤害和健康损害事件发生的能量主体，决定事件后果的严重程度；第二类危险源是人员伤害和健康损害事件发生的必要条件，决定事件发生的可能性。两类危险源相互关联、相互依存。第一类危险源是第二类危险源出现的前提，第二类危险源是第一类危险源导致人员伤害和健康损害事件的必要外因。

因此，危险源辨识的首要任务是辨识第一类危险源，在此基础上再辨识第二类危险源。

目前主要的几种危险源分类包括：《职业健康安全管理体系指南》（GB/T 28002—2002）、《生产过程危险和有害因素分类与代码》（GB/T 13861—2009）、《企业职工伤亡事故分类》（GB 6441—1986）、《职业病目录》中有关职业病分类的方法。组织宜结合自身的实际情况，挑选比较适合组织自身的分类方法(推荐使用 GB/T 13861—2009)开展危险源辨识工作。

一、导致事故和职业病危害的直接原因(危害因素)分类

GB/T 13861—2009 标准按危害因素分类如下:

生产过程危险和有害因素分类与代码表汇总(见表 3 - 1)。

表 3 - 1　生产过程危险和有害因素分类与代码表

代码	危险和有害因素	说明
1	人的因素	
11	心理、生理性危险和有害因素	
1101	负荷超限	
110101	体力负荷超限	指易引起疲劳、劳损、伤害等的负荷超限
110102	听力负荷超限	
110103	视力负荷超限	
110199	其他负荷超限	
1102	健康状况异常	指伤、病期等
1103	从事禁忌作业	
1104	心理异常	
110401	情绪异常	
110402	冒险心理	
110403	过度紧张	
110499	其他心理异常	
1105	辨识功能缺陷	
110501	感知延迟	
110502	辨识错误	
110599	其他辨识功能缺陷	
1199	其他心理、生理性危险和有害因素	
12	行为性危险和有害因素	
1201	指挥错误	包括生产过程中的各级管理人员的指挥
120101	指挥失误	
120102	违章指挥	
120199	其他指挥错误	
1202	操作错误	
120201	误操作	
120202	违章操作	
120299	其他操作错误	
1203	监护失误	
1299	其他行为性危险和有害因素	

代码	危险和有害因素	说明
2	物的因素	
21	物理性危险和有害因素	
2101	设备、设施、工具、附件缺陷	
210101	强度不够	
210102	刚度不够	
210103	稳定性差	抗倾覆、抗位移能力不够。包括重心过高、底座不稳定、支承不正确等
210104	密封不良	指密封件、密封介质、设备辅件、加工精度、装配工艺等缺陷以及磨损、变形、气蚀等造成的密封不良
210105	应力集中	
210106	外形缺陷	指设备、设施表面的尖角利棱和不应有的凹凸部分等
210107	外露运动件	指人员易触及的运动件
210108	操纵器缺陷	指结构、尺寸、形状、位置、操纵力不合理及操纵器失灵、损坏等
210109	制动器缺陷	
210110	控制器缺陷	
210199	其他设备、设施、工具、附件缺陷、防护缺陷	
2102	无防护	
210201	防护装置、设施缺陷	指防护装置、设施本身安全性、可靠性差,包括防护装置、设施、防护用品损坏、失效、失灵等
210202	防护不当	指防护装置、设施和防护用品不符合要求、使用不当。不包括防护距离不够
210203	支撑不当	包括矿井、建筑施工支护不符要求
210204	防护距离不够	指设备布置、机械、电气、防火、防爆等安全距离不够和卫生防护距离不够等
210205	其他防护缺陷	
210299	电伤害	
2103	带电部位裸露	指人员易触及的裸露带电部位
210301	漏电	
210302	静电和杂散电流	
210303	电火花	
210304	其他电伤害	
210399	噪声	
2104	机械性噪声	

续表

代码	危险和有害因素	说明
210401	电磁性噪声	
210402	流体动力性噪声	
210403	其他噪声	
210499	振动危害	
2105	机械性振动	
210501	电磁性振动	
210502	流体动力性振动	
210503	其他振动危害	
210599	电离辐射	包括 X 射线、γ 射线、α 粒子、β 粒子、中子、质子、高能电子束等
2106	非电离辐射	包括紫外辐射、激光辐射、微波辐射、超高频辐射、高频电磁场、工频电场
2107	抛射物	
210701	飞溅物	
210702	坠落物	
210703	反弹物	
210704	土、岩滑动	
210705	料堆（垛）滑动	
210706	气流卷动	
210707	冲击地压	指井巷（采场）周围的岩体（如煤体）在外载作用下产生的变形能。当力学平衡状态受到破坏时,瞬间释放,将岩石急剧、猛烈抛出造成严重破坏的一种井下动力现象
210708		
210799	其他运动伤害	
2109	明火	
2110	高温物体	
211001	高温气体	
211002	高温液体	
211003	高温固体	
211099	其他高温物体	
2110	低温物质	
211001	低温气体	
211002	低温液体	
211003	低温固体	
211099	其他低温物体	
2111	信号缺陷	

代码	危险和有害因素	说明
211101	无信号设施	
211102	信号选用不当	
211103	信号位置不当	
211104	信号不清	
211105	信号显示不准	
211199	其他信号缺陷	
2112	标志缺陷	
211201	无标志	
211202	标志不清晰	
211203	标志不规范	
211204	标志选用不当	
211205	标志位置缺陷	
211299	其他标志缺陷	
2113	有害光照	指炫光、频闪效应
2199	其他物理性危险和有害因素	
22	化学性危险和有害因素	
2201	爆炸品	
2202	危险物品压缩气体和液化气体	
2203	易燃液体	
2204	易燃固体、自然物品和遇湿	
2205	氧化剂和有机过氧化物	
2206	有毒品	
2207	放射性物品	
2208	腐蚀品	
2209	粉尘与气溶胶	
2299	其他化学性危险和有害因素	
23	生物性危险和有害因素	
2301	致病微生物	
230101	细菌	
230102	病毒	
230103	真菌	
230199	其他致病微生物	
2302	传染病媒介物	
2303	致害动物	

续表

代码	危险和有害因素	说明
2304	致害植物	
2399	其他生物性危险和有害因素	
3	环境因素	包括室内、室外、地上、地下(如隧道、矿井)、水上、水下等作业(施工)环境
31	室内作业场所环境不良	
3101	室内地面滑	指室内地面、通道、楼梯被任何液体、熔融物质润湿,结冰或有其他易滑物等
3102	室内作业场所狭窄	
3103	室内作业场所杂乱	
3104	室内地面不平	
3105	室内梯架缺陷	包括楼梯、阶梯、电动梯和活动梯架,以及这些设施的扶手、扶栏和护栏、护网等
3106	地面、墙和天花板上的开口缺陷	包括电梯井、修车坑、门窗开口、检修孔、孔洞、排水沟等
3107	有有害物质的内部通道和地面区域	
3108	房屋地基下沉	
3109	室内安全通道缺陷	包括无安全通道、安全通道狭窄、不畅等
3110	房屋安全出口缺陷	包括无安全出口、设置不合理等
3111	采光照明不良	指照度不足或过强、烟尘弥漫影响照明等
3112	作业场所空气不良	指自然通风差、无强制通风、风量不足或气流过大、缺氧、有害气体超限等
3113	室内温度、湿度、气压不适	
3114	室内给、排水不良	
3115	室内涌水	
3116	室内物料贮存方法不安全	
3199	其他室内作业场所环境不良	
32	室外作业场地环境不良	
3201	恶劣气候与环境	包括风、极端的温度、雷电、大雾、冰雹、暴雨雪、洪水、浪涌、泥石流、地震、海啸等
3202	作业场地和交通设施湿滑	包括铺设好的地面区域、阶梯、通道、道路、小路等被任何液体、熔融物质润湿,冰雪覆盖或有其他易滑物等
3203	作业场地狭窄	
3204	作业场地杂乱	
3205	作业场地不平	包括不平坦的地面和路面,有铺设的、未铺设的、草地、小鹅卵石或碎石地面和路面

代码	危险和有害因素	说明
3206	航道狭窄、有暗礁或险滩	
3207	脚手架、阶梯和活动梯架缺陷	包括这些设施的扶手、扶栏和护栏、护网等
3208	地面开口缺陷	包括升降梯井、修车坑、水沟、水渠等
3209	有有害物的交通和作业场地	
3210	建筑物和其他结构缺陷	包括建筑中或拆毁中的墙壁、桥梁、建筑物;筒仓、固定式粮仓、固定的槽罐和容器;屋顶、塔楼等
3211	门和围栏缺陷	包括大门、栅栏、畜栏和铁丝网等
3212	作业场地基础下沉	
3213	业场地安全通道缺陷	包括无安全通道、安全通道狭窄、不畅等
3214	作业场地安全出口缺陷	包括无安全出口、设置不合理等
3215	作业场地光照不良	指光照不足或过强、烟尘弥漫影响光照等
3216	作业场地空气不良	指自然通风差或气流过大、作业场地缺氧、有害气体超限等
3217	作业场地温度湿度、气压不适	
3218	作业场地涌水	
3219	植物伤害	包括倒下过程中的树木、树枝、枝干、树皮,树上的水果、地里的蔬菜、树篱、灌木、矮树丛、草原、树根等
3299	其他室外作业场地环境不良	
33	地下(含水下)作业环境不良	不包括以上室内室外作业环境已列出的有害因素
3301	隧道/矿井顶面缺陷	
3302	隧道/矿井正面或侧壁缺陷	
3303	隧道/矿井地面缺陷	
3304	地下作业面有害气体超限	
3305	地下作业面空气不良	
3306	水下作业供氧不当	
3307	支护结果缺陷	
3308	非正常地下火	
3309	非正常地下水	
4	管理因素	
41	职业安全卫生组织机构不健全	包括组织机构的设置和人员的配置
42	职业安全卫生责任制未落实	包括隐患管理、事故调查处理等制度不健全
43	职业安全卫生管理规章制度不完善	包括职业健康体检及其他档案管理等不完善

续表

代码	危险和有害因素	说明
4301	建设项目"三同时"制度未落实	
4302	操作规程不规范	
4303	事故应急预案及响应缺陷	
4304	培训制度不完善	
4399	其他职业安全卫生管理规章制度不健全	
44	职业安全卫生投入不足	
45	职业健康管理不完善	
49	其他管理因素缺陷	

二、GB/T 45001—2020 标准附录 C 列出的 28 种导致事故和职业病危害的危险源

(1)物理危险源。

1)溜滑或不平坦的场地；

2)高空作业；

3)高空物体坠落；

4)作业空间不足；

5)未考虑人的因素(例如工作场所设计未考虑人因)；

6)手工搬运；

7)重复性工作；

8)陷阱、缠绕、烧伤和其他因设备产生的危险源；

9)在旅行时或作为行人,无论是在道路上还是在生产经营场所或位置的运输危险源(与运输工具的速度和外部特征以及道路环境相关联)；

10)火灾和爆炸(与易燃物质的数量和性质相关联)；

11)可造成伤害的能源,如电、辐射、噪声、振动等(与所涉及的能源的数量大小相关联)；

12)能快速释放并对身体造成伤害的储存能量(与能量的数量大小相关联)；

13)能导致上肢失调的频繁重复性任务(与任务的持续时间相关联)；

14)能导致体温过低或热应激的不适热环境；

15)造成员工身体伤害的暴力(与施害的性质相关联)；

16)非电离辐射(如光、磁、无线电波等)。

(2)化学危险源,因以下情况而危害健康或安全的物质：

1)吸入烟雾、气体或尘粒；

2)身体接触或被身体完全吸收；

3)摄取；

4)物料的储存、不相容或退化。

(3)生物危险源,生物制剂、过敏源或病菌(例如细菌或病毒)可能：

1)被吸入；

2)经接触传染,包括经由体液(如针头扎伤、昆虫叮咬等)传染；

3)被摄取(如通过受污染的食品)。

(4)社会心理危险源,能导致负面社会心理(包括精神等)状态的情况,例如因以下情况而产生的应激(包括创伤后应激等)、焦虑、疲劳、沮丧:

1)工作量过度;

2)缺乏沟通或管理控制;

3)工作场所物理环境;

4)身体暴力;

5)胁迫或恐吓。

三、从导致职工伤亡事故,追溯产生事故的原因

根据 GB 6441－1986 综合考虑起因物,引起事故的先发性的诱导性原因,致害物伤害方式等,将事故类别分为 20 类:

1)物体打击;

2)车辆伤害;

3)机械伤害;

4)起重伤害;

5)触电;

6)淹溺;

7)灼烫;

8)火灾;

9)高处坠落;

10)坍塌;

11)冒顶片帮;

12)透水;

13)放炮;

14)火药爆炸;

15)瓦斯爆炸;

16)锅炉爆炸;

17)容器爆炸;

18)其他爆炸;

19)中毒和窒息;

20)其他伤害。

四、从引发员工的职业病,追溯健康损害的原因

根据国家公布的职业病目录,有 10 类共 115 种职业病:

1)尘肺(13);

2)职业性放射性疾病(11);

3)职业中毒(56);

4)物理因素所致职业病(5);

5)生物因素所致职业病(3);

6)职业性皮肤病(8);

7)职业性眼病(3);

8)职业性耳鼻喉口腔疾病(3);

9)职业性肿瘤(8);

10)其他职业病(5)。

第三节　危险源的辨识

危险源辨识是识别危险源的存在并确定其特性的过程。危险源辨识的方法很多,每一种方法都有其目的以及应用的范围。下面介绍几种用于建立职业健康安全管理体系的辨识方法:

（1）询问、交谈：召集组织内具有经验的人，通过座谈会讨论辨识其工作中的危害，分析出危险源。

（2）现场观察：组织具有安全技术知识和掌握职业健康安全法规、标准的人，通过对工作环境的现场观察、巡视、检查，发现存在的危险源。

（3）查阅记录：查阅组织的事故、职业病的记录可从中发现存在的危险源。

（4）获取外部信息：从有关类似组织、文献资料专家咨询等方面获取有关危险源信息，加以分析研究，可辨识出组织存在的危险源。

（5）工作任务分析：通过分析组织成员工作任务中所涉及的危害，可识别出有关危险源。

（6）过程分析方法：通过策划可把产品实现过程分解成相互关联的小过程及活动，对其中每个过程或活动分析其输入、输出及其增压泵值转换过程中产生和可能产生的危险源。

（7）安全检查表（SLL）：运用已编制好的安全检查表，对组织进行系统的安全检查，可辨识出存在的危险源。

（8）事件树分析（ETA）：事件树分析是一种从开始原因事件起，分析各环节事件"成功"（正常）或"失败"（失效）的发展变化过程，并预测各种可能结果的方法，即时序逻辑分析判断法，通过对系统各环节事件的分析，可辨识出系统的危险源。

（9）故障树分析（FTA）：故障树分析是一种根据系统可能发生或已经发生的事故结果，去寻找与事故发生的有关原因、条件和规律的方法，通过这样一个过程分析，可辨识出系统中导致事故的有关危险源。

（10）危险与可操作性研究（HAZOP）：是一种对过程中的危险源实行严格审查和控制的技术，它通过指导语句和标准格式或寻找工艺偏差，以辨识系统存在的危险源，并确定控制危险源风险的对策。

上述几种辨识危险源的方法，各有各的特点，也有各自的适用范围或局限性。所以，组织在辨识危险源的过程中，往往使用一种方法不足以全面识别其所有危险源，应根据实际需要综合运用以上多种方法。

某石化企业危险源识别举例：

（1）危险源辨识的主要内容 1——厂址。

从厂址的工程地质、地形、自然灾害、周围环境、气象条件、资源交通、抢险救灾支持条件等方面进行分析。

（2）危险源辨识的主要内容 2——厂区平面图。

1）总图：功能分区（生产、管理、辅助生产、生活区）布置，高温、有害物质、噪声、辐射、易燃、易爆、危险品设施布置，工艺流程布置；建筑物、构筑物布置，风向、安全距离、卫生防护距离等。

2）运输线路及码头：厂区道路、厂区铁路、危险品装卸区、厂区码头。

（3）危险源辨识的主要内容 3——生产工艺过程。

物料（毒性、腐蚀性、燃爆性）、温度、压力、速度、作业及控制条件、事故及失控状态。

（4）危险源辨识的主要内容 4——生产设备、装置。

1）化工设备、装置：高温、低温、腐蚀、高压、振动、关键部位的备用设备、控制、操作、检修和故障、失误时的紧急异常情况。

2）机械设备：运动零部件和工件、操作条件、检修作业、误运转和误操作。

3）电气设备：断电、触电、火灾、爆炸、误运转和误操作、静电、雷电。

4)危险性较大设备、高处作业设备。

5)特殊单体设备、装置：锅炉房、乙炔站、氧气站、石油库、危险品库等。

(5)危险源辨识的主要内容5——其他。

1)粉尘、毒物、噪声、振动、辐射、高温、低温等有害作业部位。

2)工时制度、女职工劳动保护、体力劳动强度。

3)管理设施、事故应急抢救设施和辅助生产、生活卫生设施。

第四节　职业健康安全风险评价

职业健康安全风险是与工作相关的危险事件或暴露发生的可能性与由危险事件或暴露而导致的伤害和健康损害的严重性的组合。职业健康安全风险评价是对危险源导致的风险进行评估、对现有控制措施的充分性加以考虑以及对风险是否可接受予以确定的过程。

可接受风险是指已降至组织根据其法律义务、职业健康安全方针和目标而愿意承担的程度的风险。

关于危险源评价的方法没有统一的规定，目前已开发出数十种评价方法。职业健康安全风险评价具有鲜明的行业特点，不同行业各不相同。有的行业只需定性或简单的定量评价就可以了，而有的行业可能需要复杂的定量分析。究竟选用何种职业健康安全风险评价方法，组织应根据其需要和工作场所的具体情况而定。

在许多情况下，职业健康安全风险可用简单方法进行评价，也可能仅定性评价。由于几乎不依赖于定量数据，因此，这些方法通常包含很大的判断成分。在某些情况下，这些方法可作为初始筛选工具，以确定何处需要更详尽的评价。

常用职业健康安全风险评价的方法举例：

(1)是非判断法；

(2)安全检查表；

(3)作业条件危险性评价法(LEC法)；

(4)矩阵法；

(5)预先危害分析(PHA)；

(6)风险概率评价法(PRA)；

(7)危险可操作性研究(HAZOP)；

(8)事件树分析(ETA)；

(9)故障树分析(FTA)；

(10)头脑风暴法等。

组织在选择职业健康安全风险评价方法时，应结合自身行业的特点，广泛考虑组织自身的人员能力、工艺特点、资源支持以及是否简单可靠来确定。

下面介绍职业健康安全管理体系建立时常用的职业健康安全风险评价法。

1. 是非判断法

当组织的危险源及可能产生后果符合下列4种情况之一者，则直接定为主要危险源，所对应的风险即为不可接受风险。

(1)不符合职业健康安全法规、标准的；

（2）直接观察到存在潜在重大风险（泄漏、爆炸、火灾等）的；

（3）曾经发生过事故、尚无合理有效控制措施的；

（4）相关方有合理的反复抱怨或迫切要求的。

2. 预先危险性分析

预先危险性分析（Preliminary Hazard Analysis，PHA）也称初始危险分析，是安全评价的一种方法，是在每项生产活动之前，特别是在设计的开始阶段，对系统存在危险类别、出现条件、事故后果等进行概略的分析，尽可能评价出潜在的危险性。

（1）主要目的：

1）大体识别与系统有关的主要危险；

2）鉴别产生危险的原因；

3）预测事故出现对人体及系统产生的影响；

4）判定已识别的危险性等级，并提出消除或控制危险性的措施。

（2）分析步骤：

1）危害辨识：通过经验判断、技术诊断等方法，查找系统中存在的危险、有害因素。

2）确定可能事故类型：根据过去的经验教训，分析危险、有害因素对系统的影响，分析事故的可能类型。

3）针对已确定的危险、有害因素，制定预先危险性分析表。

4）确定危险、有害因素的危害等级，按危害等级排定次序，以便按计划处理。

5）制定预防事故发生的安全对策措施。

（3）等级划分：为了评判危险、有害因素的危害等级以及它们对系统破坏性的影响大小，预先危险性分析法给出了各类危险性的划分标准。该法将危险性划分为 4 个等级（见表 3-2）。

表 3-2　各类危险性的划分标准

级别	危险程度	可能造成的后果
1	安全的	不会造成人员伤亡及系统损坏
2	临界的	处于事故的边缘状态，暂时还不至于造成人员伤亡
3	危险的	会造成人员伤亡和系统损坏，要立即采取防范措施
4	灾难性的	造成人员重大伤亡及系统严重损坏的灾难性事故，必须予以果断排除并进行重点防范。

危险程度安全的或临界的可认为是一般职业健康安全风险，危险程度危险的或灾难性的可认为是主要职业健康安全风险。

3. 安全检查表法

安全检查表法是依据相关的标准、规范，对工程、系统中已知的危险类别、设计缺陷以及与一般工艺设备、操作、管理有关的潜在危险性和有害性进行判别检查，适用于工程、系统的各个阶段，是系统安全工程的一种最基础、最简便、广泛应用的系统危险性评价方法。

安全检查表的编制主要是依据以下四个方面的内容：

（1）国家、地方的相关安全法规、规定、规程、规范和标准，行业、企业的规章制度、标准及企业安全生产操作规程。

（2）国内外行业、企业事故统计案例，经验教训。

（3）行业及企业安全生产的经验，特别是本企业安全生产的实践经验，引发事故的各种潜在不安全因素及成功杜绝或减少事故发生的成功经验。

（4）系统安全分析的结果，如采用事故树分析方法找出的不安全因素，或作为防止事故控制点源列入检查表。

安全检查表分析法主要包括四个操作步骤：

（1）收集评价对象的有关数据资料；

（2）选择或编制安全检查表；

（3）现场检查评价；

（4）编写评价结果分析。

4. HAZOP 危险与可操作性分析

HAZOP 分析法是按照科学的程序和方法，从系统的角度出发对工程项目或生产装置中潜在的危险进行预先的识别、分析和评价，识别出生产装置设计及操作和维修程序，并提出改进意见和建议，以提高装置工艺过程的安全性和可操作性，为制定基本防灾措施和应急预案进行决策提供依据。

HAZOP 的主要目的是对装置的安全性和操作性进行设计审查、分析，由生产管理、工艺、安全、设备、电气、仪表、环保、经济等工种的专家进行共同研究，这种分析方法包括辨识潜在的偏离设计目的的偏差、分析其可能的原因并评估相应的后果。它采用标准引导词，结合相关工艺参数等，按流程进行系统分析，并分析正常/非正常时可能出现的问题、产生的原因、可能导致的后果以及应采取的措施。

以化工装置为例：

（1）应分析工艺条件（温度、压力、流量、浓度、杂质、催化剂、泄漏、爆炸、静电等）；

（2）开停车条件（实验、开车、检修、设备和管线如标志、反应情况、混合情况、定位情况、工序情况等）；

（3）紧急处理（气、汽、水、电、物料、照明、报警、联系等非计划停车情况）；

（4）自然条件（风、雷、雨、霜、雪、雾、地质以及建筑安装等）。

根据以上几方面分析发生偏差的原因及后果。

近几年来，国家有关主管部门，陆续出台了相关文件，对 HAZOP 分析的推广应用提出了明确要求和指导性意见。尤其是国家安监总局，组织开展了一系列工作，极大地促进了 HAZOP 技术在我国的推广应用。但是由于 HAZOP 分析对人的经验的依赖性非常强，从而造成各个企业分析报告质量参差不齐。效益好的企业可以通过聘请咨询公司的资深专家对工艺系统开展 HAZOP 分析。但是更多的企业选择了派遣自己的员工参加培训班的形式来学习 HAZOP 分析。由于 HAZOP 分析过程中更多的是需要分析人员具备深厚的风险管理功底，而不是 HAZOP 方法的简单应用，因此，造成 HAZOP 推行过程中的变样。

5. 头脑风暴法

所谓头脑风暴（Brain - storming）最早是精神病理学上的用语，对精神病患者的精神错乱状态而言的，如今转而为无限制的自由联想和讨论，其目的在于产生新观念或激发创新设想。

头脑风暴法的优点包括：

（1）激发了想象力，有助于发现新的风险和全新的解决方案；

（2）让主要的利益相关者参与其中，有助于进行全面沟通；

（3）速度较快并易于开展。

头脑风暴法的局限包括：

（1）参与者可能缺乏必要的技术及知识，无法提出有效的建议；

（2）由于头脑风暴法相对松散，因此较难保证过程的全面性（例如，一切潜在风险都被识别出来）；

（3）可能会出现特殊的小组状况，导致某些有重要观点的人保持沉默而其他人成为讨论的主角。

6. 作业条件危险性评价法

作业条件危险性评价法是一种简便易行的衡量人们在某种具有潜在危险的环境中作业的危险性的半定量评价方法。它是由美国安全专家格雷厄姆和金尼提出的。该方法以与系统风险率有关的三种因素指标值之积来评价系统人员伤亡风险的大小，并将所得作业条件危险性数值与规定的作业条件危险性等级相比较，从而确定作业条件的危险程度。

定量计算每一种危险源所带来的风险。

$$D = LEC$$

式中，D——风险值；

　　　L——发生事故的可能性大小；

　　　E——暴露于危险环境的频繁程度；

　　　C——发生事故产生的后果。

其各自的取值如下：

（1）L是发生事故的可能性大小，从系统安全角度考虑，绝对不发生事故是不可能的，事故或危险事件发生的可能性与其实际发生的概率相关。若用概率来表示时，绝对不可能发生的概率为0；而必然发生的事件，其概率为1。但在考察一个系统的危险性时，绝对不可能发生事故是不确切的，即概率为0的情况不确切。所以，将实际上不可能发生的情况作为"打分"的参考点，定其分数值为0.1。

此外，在实际生产条件中，事故或危险事件发生的可能性范围非常广泛，因而人为地将完全出乎意料之外、极少可能发生的情况规定为1；能预料将来某个时候会发生事故的分值规定为10；在这两者之间再根据可能性的大小相应地确定几个中间值，如将"不常见，但仍然可能"的分值定为3，"相当可能发生"的分值规定为6。同样，在0.1与1之间也插入了与某种可能性对应的分值。于是，将事故或危险事件发生可能性的分值从实际上不可能的事件为0.1，经过完全意外、有极少可能的分值为1，确定到完全会被预料到的分值10为止。

发生事故的可能性见表3-3。

表3-3　发生事故的可能性

分数值	事故发生的可能性	注释
10	完全可以预料	每月发生
6	相当可能	每季度发生
3	可能，但不经常	每年发生
1	可能性小，完全意外	偶尔或一年以上发生

0.5	很不可能,可以设想	
0.2	极不可能	
0.1	实际不可能	

(2)E是暴露于危险环境的频繁程度,众所周知,作业人员暴露于危险作业条件的次数越多、时间越长,则受到伤害的可能性也就越大。为此,K.J.格雷厄姆和G.F.金尼规定了连续出现在潜在危险环境的暴露频率分值为10,一年仅出现几次非常稀少的暴露频率分值为1。以10和1为参考点,再在其区间根据在潜在危险作业条件中暴露情况进行划分,并对应地确定其分值。例如,每月暴露一次的分定为2,每周一次或偶然暴露的分值为3。当然,根本不暴露的分值应为0,但这种情况实际上是不存在的,是没有意义的,因此无须列出。关于暴露于潜在危险环境的分值见表3-4。

表3-4 暴露于危险环境的频繁程度

分数值	暴露于危险环境的频繁程度	备注
10	连续暴露	每天连续20小时以上
6	每天工作时间内暴露	8小时内
3	每周暴露一次	
2	每月暴露一次	
1	每年暴露几次	
0.5	非常罕见地暴露	

(3)C是发生事故产生的后果。造成事故或危险事故的人身伤害或物质损失可在很大范围内变化,以工伤事故而言,可以从轻微伤害到许多人死亡,其范围非常宽广。因此,K.J.格雷厄姆和G.F.金尼将需要救护的轻微伤害值规定为1,以此为一个基准点,而将造成许多人死亡的分值规定为100,作为另一个参考点。在两个参考点1~100之间,插入相应的中间值,表3-5为可能结果的分值。

表3-5 发生事故产生的后果

分数值	发生事故产生的后果	备注
100	大灾难,许多人死亡	死亡10人以上
40	灾难,数人死亡	死亡4~10人
15	非常严重,一人死亡	
7	严重,重伤	部分丧失劳动能力,患职业病,伤残等级1~4级
3	重大,致残	需住院治疗,伤残等级5~8级
1	引人注目,需要救护	皮外伤:短时间身体不适

(4)D是风险分值。确定了上述3个具有潜在危险性的作业条件的分值,并按公式进行计算,即可得危险性分值。要确定其危险性程度时,可按下述标准进行评定。

由经验可知,危险性分值在20以下的环境属低危险性,一般可以被人们接受,这样的危险性比骑自行车通过拥挤的马路去上班之类的日常活动的危险性还要低。当危险性分值在20～70时,则需要加以注意。当危险性分值在70～160的情况时,则有明显的危险,需要采取措施进行整改。同样,根据经验,危险性分值在160～320的作业条件属高度危险的作业条件,必须立即采取措施进行整改。危险性分值在320分以上时,则表示该作业条件极其危险,应该立即停止作业直到作业条件得到改善为止(见表3-6)。

目前大多数运行职业健康安全管理体系的组织是这样规定的:D≥160或C≥40的危险源是主要危险源,对应的风险则是不可接受风险。

表3-6 风险级别

风险分值	危险程度
＞320	极其危险,不能继续作业
160～320	高度危险,要立即整改
70～160	显著危险,需要整改
20～70	一般危险,需要注意
＜20	稍有危险,可以接受

(5)优缺点及适用范围。作业条件危险性评价法,评价人们在某种具有潜在危险的作业环境中进行作业的危险程度,该法简单易行,危险程度的级别划分比较清楚、醒目。但是,由于它主要是根据经验来确定3个因素的分数值及划定危险程度等级,因此具有一定的局限性,而且它仅是一种作业的局部评价。在具体应用时,可根据自己的经验、具体情况对该评价方法作适当修正。目前,大部分企业采用此方法。

第五节 应对风险和机遇的措施

1. 需要确定的风险和机遇

(1)6.1.1标准第一段:在策划职业健康安全管理体系时,组织应考虑4.1(所处的环境)所提及的问题,4.2(相关方)所提及的要求及4.3(职业健康安全管理体系范围),并确定需要应对的风险和机遇。

(2)6.1.1标准第二段:在确定需要应对的职业健康安全管理体系风险和机遇以及预期结果时,组织必须考虑:

——危险源(见6.1.2.1);

——职业健康安全风险和其他风险(见6.1.2.2);

——职业健康安全机遇和其他机遇(见6.1.2.3);

——法律法规要求和其他要求(见6.1.3)。

(3)6.1.1标准第三段:在策划过程中,组织应结合组织及其过程或职业健康安全管理体系的变更来确定和评价与职业健康安全管理体系预期结果有关的风险和机遇。对于所策划的变更,无论是永久性的还是临时性的,这种评价均应在变更实施前进行(见8.1.3)。

从以上三段标准的描述,我们可以看出所需应对风险和机遇的来源有7个方面(如图3-1所示):

GB/T 28001—2011标准中只有对危险源带来的风险进行评价,而GB/T 45001—2020标准不仅对危险源带来的风险进行评价,还增加了对危险源带来的机遇进行评价,另外,增加了对职业健康安全管理体系的其他风险和机遇的评价,还增加了对法律法规要求和其他要求可能会给组织带来的风险和机遇的评价。其中,职业健康安全管理体系的其他风险和机遇包括建立职业健康安全管理体系的风险和机遇、应对内外部问题风险和机遇、应对相关方要求风险和机遇、应对确定职业健康安全管理体系范围风险与机遇、变更带来风险与机遇。

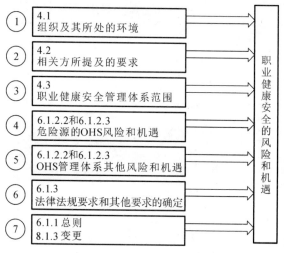

图3-1 职业健康安全的风险和机遇

2. 需要策划应对措施的风险和机遇

6.1.4标准第一段,组织应策划:

措施以:

(1)应对这些风险和机遇(见6.1.2.2和6.1.2.3);

(2)满足法律法规要求和其他要求(见6.1.3);

(3)对紧急情况做出准备和响应(见8.2);

从以上标准的描述,我们可以看出所需应对风险和机遇措施的策划应有3个方面(如图3-2所示)。

应对职业健康安全管理体系其他风险和机遇措施的策划应包括:

(1)策划应对职业健康安全管理体系(自身)风险和机遇的措施;

(2)策划应对内外部问题风险和机遇的措施;

(3)策划应对相关方要求风险和机遇的措施;

(4)策划应对职业健康安全管理体系范围风险与机遇的措施;

(5)策划变更带来风险与机遇的措施。

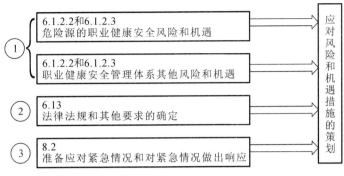

图 3-2 应对风险和机遇措施的策划

3. 融入与评价

看 6.1.4 标准第二段:

如何:

(1)在其职业健康安全管理体系过程中或其他业务过程中融入并实施这些措施;

(2)评价这些措施的有效性。

根据以上标准要求,应对职业健康安全管理体系其他风险和机遇措施的策划,还应考虑融入与评价两个问题,见表 3-7。

表 3-7 应对职业健康安全管理体系其他风险和机遇措施

风险	机遇	策划应对风险和机遇的措施	如何融入并实施	评价这些措施的有效性

4. 记录表格

(1)策划关于危险源应对风险和机遇的措施,见表 3-8。

表 3-8 关于危险源应对风险和机遇的措施

序号	组织的活动（人、物环境及管理因素）	危险源	导致的伤害和健康损害	评价方式 D=LEC				职业健康安全风险级别	现有控制措施的有效性	消除危险源和降低职业健康安全风险的机遇	策划应对风险和机遇的措施
				L	E	C	D				
1											
2											

(2)策划应对职业健康安全管理体系(自身)风险和机遇的措施,见表 3-9。

表3-9　应对职业健康安全管理体系(自身)风险和机遇的措施

序号	过程名称	标准条款	应对	风险(目前的执行方式有何风险)	执行状况、结果是否符合预期	权责是否清楚	资源是否充分	人员能力是否符合要求	设施是否符合要求	机遇(有何改进机会)	应对措施的策划(如何策划加以改进)
1	危险源辨识评价	6.1.2	危险源识别评价程序	部分危险源可能未得到识别和控制	×	√	√	×	○	危险源的识别评价目前基本由体系主管部门完成,应该发动基层员工参与对危险源的识别与评价	修订程序文件,基层员工必须接受危险源的培训,必须参与危险源的识别和评价
2	目标管理	6.2	目标管理规定	缺少主动性目标	×	√	√	√	○	修订目标,使之更加完善,更具有适用性	增加主动性目标,包括高层参加安全检查的次数,人均安全培训时间两项
3	应急准备和响应	8.2	应急准备和响应程序	应急响应程序不完善对真正出现的紧急状况可能导致不能有效响应	×	√	√	×	×	根据预案不够完善,也未到安监局备案,演练流于形式的现状,修订改进应急预案,并征求专业机构指导意见	请专业机构协助重新评估并优化所有应急预案,报安监局备案,请消防部门指导演练
4	监视测量总则	9.1.1	监视测量管理办法	公司高层(副总以上)参与安全检查不多,不利于让员工感受到高层对安全的重视	×	×	√	√	○	修改目前有关安全检查相关办法,明确高层领导职责	规定高层每月至少参加一次安全检查,下个月起实施

(3)策划应对内外部议题的风险和机遇的措施,见表3-10。

表 3－10 应对内外部议题的风险和机遇的措施

考虑的层面		风险	机遇	应对的措施
内部议题	企业文化	企业文化氛围不好,会影响危险源控制措施执行力度	创建良好的企业安全文化,为职业健康安全管理体系建立实施提供基础,变"要我安全"为"我要安全"	制定职业健康安全知识年度培训计划,提高员工职业健康安全意识,逐渐形成企业安全文化
	职业健康安全组织构架	多层次的构架,导致沟通和决政策上的复杂性和管理效率下降	改进、健全管理构架,最高管理者确保将职业健康安全管理体系内相关角色的职责和权限分配到组织内各层次并予以沟通,实施适当的激励机制	公司最高管理者广泛征求合理化建议,优化组织结构。创建高效、有序的组织构架
	人力资源	熟悉职业健康安全管理体系标准的专业化人员匮乏,增加了体系建设与运行的困难	招聘高素质、熟悉职业健康安全管理体系标准的专业化人员,提供管理体系建设与落实人才资源	招聘职业健康安全管理人才,制定职业健康安全管理人员年度培训计划
外部议题	职业健康安全的法律法规越来越严	国家/行业级更为严格的职业健康安全法律法规要求,使原来达标的活动变为超标,正常的活动可能受限制	对职业健康安全的投入和重视程度将进一步加大,借此机会改造或淘汰旧东西,以达到新法规的要求	学习新规,遵规守法,确保法律法规的符合性,加强与监管机构的沟通,掌握法规趋势
	市场竞争激烈经营效果欠佳	市场价格波动会增加销售成本,降低公司效益,可能使公司减少对安全健康治理的投入	坚持对职业健康安全的投入,取得职业健康安全绩效,能够带来良好的企业形象,反而占领更大市场	制定职业健康安全管理目标,确保对职业健康安全的投入,确保职业健康安全绩效达到或超过同行业职业健康安全管理水平
	社会期望越来越高	公众对社会责任期望的提高会提高安全绩效的要求	公众对社会责任期望的提高会增加企业对安全健康投入的动力	加强沟通,了解社区居民的期望。争取满足相关方需求

（4）策划应对相关方要求的风险和机遇的措施,见表 3－11。

表 3－11 应对相关方要求的风险和机遇的措施

相关方的要求	安全健康风险	安全健康机会	应对措施
上级公司要求	对产品和利润的追求导致对职业健康安全管理投入不足	争取上级公司对职业健康安全管理的投入,进一步改进职业健康安全的管理,增加职业健康安全绩效	努力宣传职业健康安全理念,宣传企业安全文化建设,争取上级资金投入或支持

相关方的要求	安全健康风险	安全健康机会	应对措施
企业员工的要求	员工对工作环境要求的不断改善,增加职业健康安全的投入,加大经营成本	员工工作环境的进一步改进,能提高员工的工作积极性,为公司创造更大的效益	加强企业安全文化建设,改善工作环境,吸引人才,留住人才
外部供方(承包方与外包方)	现场施工的承包方/外包方带来安全管理的复杂性	完善规章制度,严格管控,减少安全事故,降低职业健康安全风险	制定对相关方施加影响的控制程序,并认真实施

(5)策划应对职业健康安全管理体系范围风险与机遇的措施,见表3-12。

表3-12　应对职业健康安全管理体系范围风险与机遇的措施

体系范围	风险和机遇	措施策划
体系范围的描述:产品和服务及相关的过程与活动、场所、相关部门、标准。(5要素)	风险: 机遇:	

(6)策划变更带来的风险和机遇的措施,见表3-13。

表3-13　变更带来的风险和机遇的措施

变更类型	风险和机遇	措施策划
组织变更;过程变更;体系变更	风险: 机遇:	

(7)合规义务的风险和机遇及应对措施,见表3-14。

表3-14　合规义务的风险和机遇及应对措施

合规义务	风险和机遇	措施策划
不履行合规义务	风险:罚款;负面宣传;投入大量纠正措施的成本,并可能失去经营许可。机遇:履行合规义务,树立企业正面形象	认真学习合规义务的要求;制定切实可行的规章制度,严格履行合规义务

第六节　消除危险源和降低职业健康安全风险的控制层级

1. 相关术语和词语

(1)消除:使不存在;除去(不利的事物或隐患)。

（2）危险源：可能导致伤害和健康损害的来源。

（3）降低：下降、减少。

（4）职业健康安全风险：与工作相关的危险事件或暴露发生的可能性与由危险事件或暴露而导致的伤害和健康损害的严重性的组合。

（5）替代：是指以乙换甲，并起原来由甲或应该由甲起的作用，或者说用一物质代替另一物质。

（6）工程控制：利用技术进步，采用相应的机械装置，改善控制设施，实施安全保护措施，以降低职业健康安全风险。

（7）管理控制：是在实际工作中，为达到某一预期的目的，对所需的各种资源进行正确而有效的组织、计划、协调，并相应建立起一系列正常的工作秩序和管理制度的活动。

（8）个人防护用品（PPE）：是 personal protective equipment 的简写，PPE 是指任何供个人为防备一种或多种损害健康和安全的危险而穿着或持用的装置或器具。主要用于保护工作人员免受由于接触化学辐射、电动设备、人力设备、机械设备或在一些危险工作场所而导致伤害和健康损害。

2. 控制层级

在完成风险评价和对现有控制措施加以考虑之后，组织宜能够确定现有控制措施是否充分、是否需要改进，或者是否需要采取新控制措施。

如果需要新控制措施或者需要对控制措施加以改进，则控制措施的选定宜遵循控制措施层级选择顺序原则，亦即：可行时首先消除危险源；其次是降低风险（或者通过减少事件发生的可能性，或者通过降低潜在的人身伤害或健康损害的严重程度）；最后将采用个体防护装备（PPE）作为最终手段。

层级控制旨在提供一种系统的方法来增强职业健康和安全，消除危害，以及减少或控制职业健康安全风险。每一个层级都比前一个层级效果差一些。通常结合几个层级，以成功地降低职业健康和安全的风险至尽量低的合理可行的水平（如图 3-3 所示）。

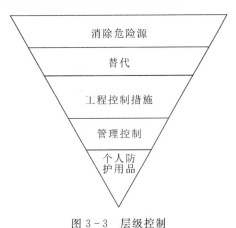

图 3-3　层级控制

应用控制措施层级选择顺序的示例如下：

（1）消除危险源（消除风险）。

危险消除：避免风险，使工作适应于工作人员。例如：在规划新的工作场所时，整合健康、安全和人机工程学；建立行人和车辆之间的交通物理隔离；改变设计以消除危险源，如引入机械提升装置以消除手举重物危险源等。

（2）用危险性低的过程、操作、材料或设备替代（降低风险）。

使用不危险的，或较少危险的来代替危险；在源头控制风险；适应技术进步，如用水性涂料替代溶剂基涂料；用低危害材料替代或降低系统能量（如较低的动力、电流、压力、温度）等。

（3）使用工程控制和重新组织工作（降低风险）。

实施集成的保护措施，如：隔离、机械防护、通风系统、联锁装置、声罩、机械装卸、降噪、通过使用护栏，防止从高处跌落等。

（4）采用管理控制，包括培训（降低风险）。

给予工作人员适当的指令，如锁定过程，定期安全设备检查，与分包商的活动的健康和安全协调，入门培训，叉车驾驶执照，工作人员轮岗，安全标志、危险区域标识、发光照片标志、人行道标识，警告器或警告灯、报警器，安全程序、设备检查、准入控制措施、作业安全制度、标牌和工作许可证等。

（5）使用适当的个体防护装备（降低风险）。

个人防护装备（PPE）：提供适当的个人防护装备，以及个人防护装备使用和维护的说明。例如：安全鞋，安全眼镜，听力保护，面罩、安全带和安全索、口罩，化学和液体防护手套，电气防护手套，防切割手套等。

3. 控制措施

目前多数运行职业健康安全管理体系的组织，把对风险控制措施总结为以下六个方面：

（1）确立职业健康安全目标和指标，实现职业健康安全目标的策划（见 6.2.2）；

（2）策划、实施、控制和和保持所需的过程，进行运行控制（见 8.1）；

（3）建立、实施并保持应急准备和响应的过程，进行应急响应和准备（见 8.2）；

（4）进行监视、测量、分析评价并报告结果（见 9.1）；

（5）提供并确保使用充分、适宜的个人防护装备（见 8.1.2）；

（6）其他（例如：进行培训，提高职业健康安全意识，减少和降低不必要的风险）。

第四章　职业健康安全法律法规

第一节　职业健康安全法律法规体系

职业健康安全法律、法规是调整生产过程中所产生的同劳动者的安全和健康有关的各种社会关系的法律规范总和,如国家制定的各种职业健康安全方面的法律、条例、规程、决议、命令、规定或指示等规范性文件。它是人们在生产过程中的行为准则之一。我国早在建国前夕通过的《中国人民政治协商会议共同纲领》中就规定"保护青工、女工的特殊利益。实行工矿检查制度以及改进工矿的安全卫生设备。"1982年《中华人民共和国宪法》(以下简称《宪法》)第42条规定"加强劳动保护,改善劳动条件"。1987年全国劳动安全监察工作会议重申职业安全健康工作的方针为:"安全第一,预防为主"。1992年11月,第七届全国人大常委会第二十八次会议通过了《中华人民共和国矿山安全法》,这是我国第一部有关职业健康安全的法律,该法自1993年5月1日起正式施行。1994年7月5日,第八届全国人大常委会第八次会议通过的《中华人民共和国劳动法》(以下简称《劳动法》),以劳动基本法的形式对劳动安全健康提出了基本要求。除《劳动法》外,我国也已颁布多项与职业健康安全工作相关的专项法律。目前,已经形成以《宪法》为基础,以《劳动法》为主体的职业安全健康法规体系,如图4-1所示。

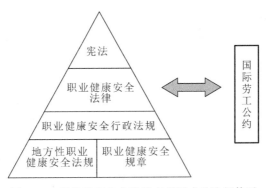

图4-1　职业健康安全法规表现形式及法规体系

一、职业健康安全法规

职业健康安全法规从形式上主要表现为以下几种:

(1)《宪法》:是中国职业健康安全法规的首要形式。《宪法》在所有法律形式中居于最高地位,是根本大法,具有最高的法律地位。

《宪法》第42条规定:"中华人民共和国公民有劳动的权利和义务。国家通过各种途径,创造劳动就业条件,加强劳动保护,改善劳动条件,并在发展生产的基础上,提高劳动报酬和福利待遇。国家对就业前的公民进行必要的劳动就业训练。"第43条规定："中华人民共和国劳动者有休息的权利。国家发展劳动者休息和休养的设施，规定职工的工作时间和休假制度。"第48条规定："国家保护妇女的权利和利益……"《宪法》中所有这些规定，是我国职业健康安全立法的法律依据和指导原则。《中华人民共和国劳动法》《中华人民共和国安全生产法》(简称《安全生产法》)、《中华人民共和国职业病防治法》(简称《职业病防治法》)规定了中国职业健康安全法规的基本内容。

(2)法律：根据《中华人民共和国立法法》(以下简称《立法法》)规定，全国人民代表大会及其常委会行使国家立法权。全国人民代表大会制定和修改刑事、民事、国家机构的和其他的基本法律。全国人大常委会制定和修改除应当由全国人民代表大会制定的法律以外的其他法律；法律通过后由国家主席签署令予以公布。签署公布法律的主席令应载明该法律的制定机关、通过和施行日期。法律签署公布以后，及时在全国人民代表大会常务委员会公报和在全国范围内发行的报纸上刊登。在常务委员会公报上刊登的法律文本为标准文本。

职业健康安全法律是提由全国人大及其常务委员会制定的职业健康安全方面的法律规范性文件的统称。其法律地位和法律效力仅次于宪法，如：《安全生产法》《职业病防治法》《消防法》《劳动法》。

(3)行政法规：国务院根据宪法和法律，制定行政法规。国务院有关部门认为需要制定行政法规，应当向国务院报请立项。行政法规由总理签署国务院令公布，并及时在国务院公报和在全国范围内发行的报纸上刊登。在国务院公报上刊登的行政法规为标准文本。

职业健康安全行政法规是指由国务院制定的职业健康安全方面的各类条例、办法、规定、实施细则、决定等，如：《安全生产许可证条例》《特种设备安全监督条例》《使用有毒物品作业场所劳动保护条例》《危险化学品安全管理条例》《易制毒化学品管理条例》。

(4)地方性法规：《立法法》规定，省、自治区、直辖市的人民代表大会及其常委会根据本行政区域的具体情况和实际需要，在不同宪法、法律、行政法规相抵触的前提下，可以制定地方法规。较大的市的人民代表大会及其常委会根据本市的具体情况和实际需要，在不同宪法、行政法规和本省、自治区的地方性法规相抵触的前提下，可以制定地方性法规，报省、自治区人民代表大会常委会批准后施行。所称较大的市是指省、自治区的人民政府所在地的市，经济特区所在地的市和经国务院批准的较大的市。

地方性职业健康安全法规是指由省、自治区、直辖市的人民代表大会及其常务委员会，为执行和实施宪法、职业健康安全法律、职业健康安全行政法规，根据本行政区域的具体情况和实际需要，在法定权限内制定、发布的规范性文件。经常以"条例""办法""规定"等形式出现。

(5)规章：国务院各部、委员会、中国人民银行、审计署和具有行政管理职能的直属机构，可以根据法律和国务院的行政法规、决定、命令，在本部门的权限范围内，制定规章。省、自治区、直辖市和较大的市的人民政府，可以根据法律、行政法规和本省、自治区、直辖市的地方性法规，制定规章。部门规章由部门首长签署命令予以公布。地方政府规章由省长或者自治区主席或者市长签署命令予以公布。部门规章签署公布后，及时在国务院公报或者部门公报和在全国范围内发行的报纸上刊登。地方规章签署公布后，及时在本级人民政府公报和在本行政区域范围内发行的报纸上刊登。在各类公报上刊登的文本为标准文本。

职业健康安全规章是指由国务院所属部委以及有权的地方政府在法律规定的范围内，依权制定、颁布的有关职业健康安全行政管理的规范性文，如：《职业健康检查管理办法》《职业病诊断与鉴定管理办法》《食物中毒事故处理办法》。

（6）经我国批准生效的国际劳工公约，也是我国职业健康安全法规形式的重要组成部分。国际劳工公约是国际职业健康安全法律规范的一种形式，它不是由国际劳工组织直接实施的法律规范，而是采用会员国批准，并由会员国作为制定国内职业健康安全法规依据的公约文本。国际劳工公约经国家权力机关批准后，批准国应采取必要的措施使该公约发生效力，并负有实施已批准的劳工公约的国际法义务。新中国成立后加入的条约有《作业场所安全使用化学品公约》《三方协商促进履行国际劳工标准公约》等。

二、职业健康安全标准

为了更好地促进我国职业健康安全的规范化管理，在各类职业健康安全法律法规的基础上，国务院有关部门按照安全生产的要求，依法制定了许多职业健康安全的国家标准或者行业标准，有关职业健康安全检测方法标准，在开展职业健康安全认证和监督检查工作中，实际上起着强制性标准的效力。职业健康安全标准为职业健康安全法规的实施、操作提供了具体要求。

我国现行的职业健康安全标准体系，主要由国家标准、行业标准、地方标准和企业标准组成（见图 4 - 2）。

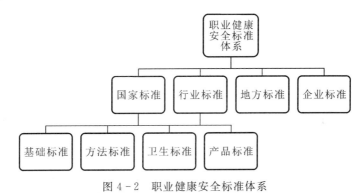

图 4 - 2　职业健康安全标准体系

基础标准如 GB 6441—1986《企业职工伤亡事故分类》；

方法标准如 GBZ/T 192《作业场所空气中粉尘测定》、GB 6721—1986《企业职工伤亡事故经济损失统计标准》；

卫生标准如 GBZ 1- 2010《工业企业设计卫生标准》；

产品标准如 GB 6095—2009《安全带》等。

第二节　主要职业健康安全法律法规及相关要求

一、《中华人民共和国安全生产法》

《中华人民共和国安全生产法》由第九届全国人民代表大会常务委员会第二十八次会议于2002 年 6 月 29 日通过，是中华人民共和国主席第 70 号令，自 2002 年 11 月 1 日起施行。2009年 8 月 27 日，第十一届全国人民代表大会常务委员会第十次会议对该法进行了修证。2014年 8 月 31 日，第十二届全国人民代表大会常务委员会第十次会议对该法进行第二次修证，自2014 年 12 月 1 日起施行。全法共七章九十七条。第一章总则，第二章生产经营单位的安全生产保障,第三章从业人员的安全生产权利义务,第四章安全生产的监督管理,第五章生产安全事故的应急救援与调查处理,第六章法律责任,第七章附则。归纳起来主要包括七个方面的内容,一是强调企业是安全生产的主体,企业法定代表人是安全生产的第一责任者;二是企业要建立各项保障制度;三是从业人员享有安全生产的权利,还有应尽的义务;四是对政府作为安全监督主体的要求;五是安全生产要靠社会监督;六是安全中介机构的服务;七是对生产事故救援和调查处理作了规定。需要熟悉并掌握的内容包括:生产经营的安全保障;从业人员的权利和义务;生产安全事故的应急救援与调查处理;安全生产法律责任。

(一)总则

第一条 为了加强安全生产工作,防止和减少生产安全事故,保障人民群众生命和财产安全,促进经济社会持续健康发展,制定本法。

第二条 在中华人民共和国领域内从事生产经营活动的单位(以下统称生产经营单位)的安全生产,适用本法;有关法律、行政法规对消防安全和道路交通安全、铁路交通安全、水上交通安全、民用航空安全以及核与辐射安全、特种设备安全另有规定的,适用其规定。

第三条 安全生产工作应当以人为本,坚持安全发展,坚持安全第一、预防为主、综合治理的方针,强化和落实生产经营单位的主体责任,建立生产经营单位负责、职工参与、政府监管、行业自律和社会监督的机制。

第四条 生产经营单位必须遵守本法和其他有关安全生产的法律、法规,加强安全生产管理,建立、健全安全生产责任制和安全生产规章制度,改善安全生产条件,推进安全生产标准化建设,提高安全生产水平,确保安全生产。

第五条 生产经营单位的主要负责人对本单位的安全生产工作全面负责。

第六条 生产经营单位的从业人员有依法获得安全生产保障的权利,并应当依法履行安全生产方面的义务。

第七条 工会依法对安全生产工作进行监督。

生产经营单位的工会依法组织职工参加本单位安全生产工作的民主管理和民主监督,维护职工在安全生产方面的合法权益。生产经营单位制定或者修改有关安全生产的规章制度,应当听取工会的意见。

第八条 国务院和县级以上地方各级人民政府应当根据国民经济和社会发展规划制定安全生产规划,并组织实施。安全生产规划应当与城乡规划相衔接。

国务院和县级以上地方各级人民政府应当加强对安全生产工作的领导,支持、督促各有关部门依法履行安全生产监督管理职责,建立健全安全生产工作协调机制,及时协调、解决安全生产监督管理中存在的重大问题。

乡、镇人民政府以及街道办事处、开发区管理机构等地方人民政府的派出机关应当按照职责,加强对本行政区域内生产经营单位安全生产状况的监督检查,协助上级人民政府有关部门依法履行安全生产监督管理职责。

第九条 国务院安全生产监督管理部门依照本法,对全国安全生产工作实施综合监督管理;县级以上地方各级人民政府安全生产监督管理部门依照本法,对本行政区域内安全生产工作实施综合监督管理。

国务院有关部门依照本法和其他有关法律、行政法规的规定,在各自的职责范围内对有关行业、领域的安全生产工作实施监督管理;县级以上地方各级人民政府有关部门依照本法和其他有关法律、法规的规定,在各自的职责范围内对有关行业、领域的安全生产工作实施监督管理。

安全生产监督管理部门和对有关行业、领域的安全生产工作实施监督管理的部门,统称负有安全生产监督管理职责的部门。

第十条　国务院有关部门应当按照保障安全生产的要求,依法及时制定有关的国家标准或者行业标准,并根据科技进步和经济发展适时修订。

生产经营单位必须执行依法制定的保障安全生产的国家标准或者行业标准。

第十一条　各级人民政府及其有关部门应当采取多种形式,加强对有关安全生产的法律、法规和安全生产知识的宣传,增强全社会的安全生产意识。

第十二条　有关协会组织依照法律、行政法规和章程,为生产经营单位提供安全生产方面的信息、培训等服务,发挥自律作用,促进生产经营单位加强安全生产管理。

第十三条　依法设立的为安全生产提供技术、管理服务的机构,依照法律、行政法规和执业准则,接受生产经营单位的委托为其安全生产工作提供技术、管理服务。

生产经营单位委托前款规定的机构提供安全生产技术、管理服务的,保证安全生产的责任仍由本单位负责。

第十四条　国家实行生产安全事故责任追究制度,依照本法和有关法律、法规的规定,追究生产安全事故责任人员的法律责任。

第十五条　国家鼓励和支持安全生产科学技术研究和安全生产先进技术的推广应用,提高安全生产水平。

第十六条　国家对在改善安全生产条件、防止生产安全事故、参加抢险救护等方面取得显著成绩的单位和个人,给予奖励。

(二)生产经营单位的安全生产保障

第十七条　生产经营单位应当具备本法和有关法律、行政法规和国家标准或者行业标准规定的安全生产条件;不具备安全生产条件的,不得从事生产经营活动。

第十八条　生产经营单位的主要负责人对本单位安全生产工作负有下列职责:

(1)建立、健全本单位安全生产责任制;

(2)组织制定本单位安全生产规章制度和操作规程;

(3)组织制定并实施本单位安全生产教育和培训计划;

(4)保证本单位安全生产投入的有效实施;

(5)督促、检查本单位的安全生产工作,及时消除生产安全事故隐患;

(6)组织制定并实施本单位的生产安全事故应急救援预案;

(7)及时、如实报告生产安全事故。

第十九条　生产经营单位的安全生产责任制应当明确各岗位的责任人员、责任范围和考核标准等内容。

生产经营单位应当建立相应的机制,加强对安全生产责任制落实情况的监督考核,保证安全生产责任制的落实。

第二十条　生产经营单位应当具备的安全生产条件所必需的资金投入,由生产经营单位的决策机构、主要负责人或者个人经营的投资人予以保证,并对由于安全生产所必需的资金投入不足导致的后果承担责任。

有关生产经营单位应当按照规定提取和使用安全生产费用,专门用于改善安全生产条件。安全生产费用在成本中据实列支。安全生产费用提取、使用和监督管理的具体办法由国务院财政部门会同国务院安全生产监督管理部门征求国务院有关部门意见后制定。

第二十一条　矿山、金属冶炼、建筑施工、道路运输单位和危险物品的生产、经营、储存单位,应当设置安全生产管理机构或者配备专职安全生产管理人员。

前款规定以外的其他生产经营单位,从业人员超过一百人的,应当设置安全生产管理机构或者配备专职安全生产管理人员;从业人员在一百人以下的,应当配备专职或者兼职的安全生产管理人员。

第二十二条　生产经营单位的安全生产管理机构以及安全生产管理人员履行下列职责:

(1)组织或者参与拟订本单位安全生产规章制度、操作规程和生产安全事故应急救援预案;

(2)组织或者参与本单位安全生产教育和培训,如实记录安全生产教育和培训情况;

(3)督促落实本单位重大危险源的安全管理措施;

(4)组织或者参与本单位应急救援演练;

(5)检查本单位的安全生产状况,及时排查生产安全事故隐患,提出改进安全生产管理的建议;

(6)制止和纠正违章指挥、强令冒险作业、违反操作规程的行为;

(7)督促落实本单位安全生产整改措施。

第二十三条　生产经营单位的安全生产管理机构以及安全生产管理人员应当恪尽职守,依法履行职责。

生产经营单位作出涉及安全生产的经营决策,应当听取安全生产管理机构以及安全生产管理人员的意见。

生产经营单位不得因安全生产管理人员依法履行职责而降低其工资、福利等待遇或者解除与其订立的劳动合同。

危险物品的生产、储存单位以及矿山、金属冶炼单位的安全生产管理人员的任免,应当告知主管的负有安全生产监督管理职责的部门。

第二十四条　生产经营单位的主要负责人和安全生产管理人员必须具备与本单位所从事的生产经营活动相应的安全生产知识和管理能力。

危险物品的生产、经营、储存单位以及矿山、金属冶炼、建筑施工、道路运输单位的主要负责人和安全生产管理人员,应当由主管的负有安全生产监督管理职责的部门对其安全生产知识和管理能力考核合格。考核不得收费。

危险物品的生产、储存单位以及矿山、金属冶炼单位应当有注册安全工程师从事安全生产管理工作。鼓励其他生产经营单位聘用注册安全工程师从事安全生产管理工作。注册安全工程师按专业分类管理,具体办法由国务院人力资源和社会保障部门、国务院安全生产监督管理部门会同国务院有关部门制定。

第二十五条　生产经营单位应当对从业人员进行安全生产教育和培训,保证从业人员具备必要的安全生产知识,熟悉有关的安全生产规章制度和安全操作规程,掌握本岗位的安全操作技能,了解事故应急处理措施,知悉自身在安全生产方面的权利和义务。未经安全生产教育和培训合格的从业人员,不得上岗作业。

生产经营单位使用被派遣劳动者的,应当将被派遣劳动者纳入本单位从业人员统一管理,对被派遣劳动者进行岗位安全操作规程和安全操作技能的教育和培训。劳务派遣单位应当对被派遣劳动者进行必要的安全生产教育和培训。

生产经营单位接收中等职业学校、高等学校学生实习的,应当对实习学生进行相应的安全生产教育和培训,提供必要的劳动防护用品。学校应当协助生产经营单位对实习学生进行安全生产教育和培训。

生产经营单位应当建立安全生产教育和培训档案,如实记录安全生产教育和培训的时间、内容、参加人员以及考核结果等情况。

第二十六条 生产经营单位采用新工艺、新技术、新材料或者使用新设备,必须了解、掌握其安全技术特性,采取有效的安全防护措施,并对从业人员进行专门的安全生产教育和培训。

第二十七条 生产经营单位的特种作业人员必须按照国家有关规定经专门的安全作业培训,取得相应资格,方可上岗作业。

特种作业人员的范围由国务院安全生产监督管理部门会同国务院有关部门确定。

第二十八条 生产经营单位新建、改建、扩建工程项目(以下统称建设项目)的安全设施,必须与主体工程同时设计、同时施工、同时投入生产和使用。安全设施投资应当纳入建设项目概算。

第二十九条 矿山、金属冶炼建设项目和用于生产、储存、装卸危险物品的建设项目,应当按照国家有关规定进行安全评价。

第三十条 建设项目安全设施的设计人、设计单位应当对安全设施设计负责。

矿山、金属冶炼建设项目和用于生产、储存、装卸危险物品的建设项目的安全设施设计应当按照国家有关规定报经有关部门审查,审查部门及其负责审查的人员对审查结果负责。

第三十一条 矿山、金属冶炼建设项目和用于生产、储存、装卸危险物品的建设项目的施工单位必须按照批准的安全设施设计施工,并对安全设施的工程质量负责。

矿山、金属冶炼建设项目和用于生产、储存危险物品的建设项目竣工投入生产或者使用前,应当由建设单位负责组织对安全设施进行验收;验收合格后,方可投入生产和使用。安全生产监督管理部门应当加强对建设单位验收活动和验收结果的监督核查。

第三十二条 生产经营单位应当在有较大危险因素的生产经营场所和有关设施、设备上,设置明显的安全警示标志。

第三十三条 安全设备的设计、制造、安装、使用、检测、维修、改造和报废,应当符合国家标准或者行业标准。

生产经营单位必须对安全设备进行经常性维护、保养,并定期检测,保证正常运转。维护、保养、检测应当作好记录,并由有关人员签字。

第三十四条 生产经营单位使用的危险物品的容器、运输工具,以及涉及人身安全、危险性较大的海洋石油开采特种设备和矿山井下特种设备,必须按照国家有关规定,由专业生产单位生产,并经具有专业资质的检测、检验机构检测、检验合格,取得安全使用证或者安全标志,方可投入使用。检测、检验机构对检测、检验结果负责。

第三十五条 国家对严重危及生产安全的工艺、设备实行淘汰制度,具体目录由国务院安全生产监督管理部门会同国务院有关部门制定并公布。法律、行政法规对目录的制定另有规定的,适用其规定。

省、自治区、直辖市人民政府可以根据本地区实际情况制定并公布具体目录,对前款规定以外的危及生产安全的工艺、设备予以淘汰。

生产经营单位不得使用应当淘汰的危及生产安全的工艺、设备。

第三十六条 生产、经营、运输、储存、使用危险物品或者处置废弃危险物品的,由有关主管部门依照有关法律、法规的规定和国家标准或者行业标准审批并实施监督管理。

生产经营单位生产、经营、运输、储存、使用危险物品或者处置废弃危险物品,必须执行有关法律、法规和国家标准或者行业标准,建立专门的安全管理制度,采取可靠的安全措施,接受有关主管部门依法实施的监督管理。

第三十七条 生产经营单位对重大危险源应当登记建档,进行定期检测、评估、监控,并制定应急预案,告知从业人员和相关人员在紧急情况下应当采取的应急措施。

生产经营单位应当按照国家有关规定将本单位重大危险源及有关安全措施、应急措施报有关地方人民政府安全生产监督管理部门和有关部门备案。

第三十八条 生产经营单位应当建立健全生产安全事故隐患排查治理制度,采取技术、管理措施,及时发现并消除事故隐患。事故隐患排查治理情况应当如实记录,并向从业人员通报。

县级以上地方各级人民政府负有安全生产监督管理职责的部门应当建立健全重大事故隐患治理督办制度,督促生产经营单位消除重大事故隐患。

第三十九条 生产、经营、储存、使用危险物品的车间、商店、仓库不得与员工宿舍在同一座建筑物内,并应当与员工宿舍保持安全距离。

生产经营场所和员工宿舍应当设有符合紧急疏散要求、标志明显、保持畅通的出口。禁止锁闭、封堵生产经营场所或者员工宿舍的出口。

第四十条 生产经营单位进行爆破、吊装以及国务院安全生产监督管理部门会同国务院有关部门规定的其他危险作业,应当安排专门人员进行现场安全管理,确保操作规程的遵守和安全措施的落实。

第四十一条 生产经营单位应当教育和督促从业人员严格执行本单位的安全生产规章制度和安全操作规程;并向从业人员如实告知作业场所和工作岗位存在的危险因素、防范措施以及事故应急措施。

第四十二条 生产经营单位必须为从业人员提供符合国家标准或者行业标准的劳动防护用品,并监督、教育从业人员按照使用规则佩戴、使用。

第四十三条 生产经营单位的安全生产管理人员应当根据本单位的生产经营特点,对安全生产状况进行经常性检查;对检查中发现的安全问题,应当立即处理;不能处理的,应当及时报告本单位有关负责人,有关负责人应当及时处理。检查及处理情况应当如实记录在案。

生产经营单位的安全生产管理人员在检查中发现重大事故隐患,依照前款规定向本单位有关负责人报告,有关负责人不及时处理的,安全生产管理人员可以向主管的负有安全生产监督管理职责的部门报告,接到报告的部门应当依法及时处理。

第四十四条 生产经营单位应当安排用于配备劳动防护用品、进行安全生产培训的经费。

第四十五条 两个以上生产经营单位在同一作业区域内进行生产经营活动,可能危及对方生产安全的,应当签订安全生产管理协议,明确各自的安全生产管理职责和应当采取的安全措施,并指定专职安全生产管理人员进行安全检查与协调。

第四十六条　生产经营单位不得将生产经营项目、场所、设备发包或者出租给不具备安全生产条件或者相应资质的单位或者个人。

生产经营项目、场所发包或者出租给其他单位的，生产经营单位应当与承包单位、承租单位签订专门的安全生产管理协议，或者在承包合同、租赁合同中约定各自的安全生产管理职责；生产经营单位对承包单位、承租单位的安全生产工作统一协调、管理，定期进行安全检查，发现安全问题的，应当及时督促整改。

第四十七条　生产经营单位发生生产安全事故时，单位的主要负责人应当立即组织抢救，并不得在事故调查处理期间擅离职守。

第四十八条　生产经营单位必须依法参加工伤保险，为从业人员缴纳保险费。

国家鼓励生产经营单位投保安全生产责任保险。

（三）从业人员的安全生产权利义务

第四十九条　生产经营单位与从业人员订立的劳动合同，应当载明有关保障从业人员劳动安全、防止职业危害的事项，以及依法为从业人员办理工伤保险的事项。

生产经营单位不得以任何形式与从业人员订立协议，免除或者减轻其对从业人员因生产安全事故伤亡依法应承担的责任。

第五十条　生产经营单位的从业人员有权了解其作业场所和工作岗位存在的危险因素、防范措施及事故应急措施，有权对本单位的安全生产工作提出建议。

第五十一条　从业人员有权对本单位安全生产工作中存在的问题提出批评、检举、控告；有权拒绝违章指挥和强令冒险作业。

生产经营单位不得因从业人员对本单位安全生产工作提出批评、检举、控告或者拒绝违章指挥、强令冒险作业而降低其工资、福利等待遇或者解除与其订立的劳动合同。

第五十二条　从业人员发现直接危及人身安全的紧急情况时，有权停止作业或者在采取可能的应急措施后撤离作业场所。

生产经营单位不得因从业人员在前款紧急情况下停止作业或者采取紧急撤离措施而降低其工资、福利等待遇或者解除与其订立的劳动合同。

第五十三条　因生产安全事故受到损害的从业人员，除依法享有工伤保险外，依照有关民事法律尚有获得赔偿的权利的，有权向本单位提出赔偿要求。

第五十四条　从业人员在作业过程中，应当严格遵守本单位的安全生产规章制度和操作规程，服从管理，正确佩戴和使用劳动防护用品。

第五十五条　从业人员应当接受安全生产教育和培训，掌握本职工作所需的安全生产知识，提高安全生产技能，增强事故预防和应急处理能力。

第五十六条　从业人员发现事故隐患或者其他不安全因素，应当立即向现场安全生产管理人员或者本单位负责人报告；接到报告的人员应当及时予以处理。

第五十七条　工会有权对建设项目的安全设施与主体工程同时设计、同时施工、同时投入生产和使用进行监督，提出意见。

工会对生产经营单位违反安全生产法律、法规，侵犯从业人员合法权益的行为，有权要求纠正；发现生产经营单位违章指挥、强令冒险作业或者发现事故隐患时，有权提出解决的建议，生产经营单位应当及时研究答复；发现危及从业人员生命安全的情况时，有权向生产经营单位建议组织从业人员撤离危险场所，生产经营单位必须立即作出处理。

工会有权依法参加事故调查，向有关部门提出处理意见，并要求追究有关人员的责任。

第五十八条　生产经营单位使用被派遣劳动者的，被派遣劳动者享有本法规定的从业人员的权利，并应当履行本法规定的从业人员的义务。

（四）安全生产的监督管理

第五十九条　县级以上地方各级人民政府应当根据本行政区域内的安全生产状况，组织有关部门按照职责分工，对本行政区域内容易发生重大生产安全事故的生产经营单位进行严格检查。

安全生产监督管理部门应当按照分类分级监督管理的要求，制定安全生产年度监督检查计划，并按照年度监督检查计划进行监督检查，发现事故隐患，应当及时处理。

第六十条　负有安全生产监督管理职责的部门依照有关法律、法规的规定，对涉及安全生产的事项需要审查批准（包括批准、核准、许可、注册、认证、颁发证照等，下同）或者验收的，必须严格依照有关法律、法规和国家标准或者行业标准规定的安全生产条件和程序进行审查；不符合有关法律、法规和国家标准或者行业标准规定的安全生产条件的，不得批准或者验收通过。对未依法取得批准或者验收合格的单位擅自从事有关活动的，负责行政审批的部门发现或者接到举报后应当立即予以取缔，并依法予以处理。对已经依法取得批准的单位，负责行政审批的部门发现其不再具备安全生产条件的，应当撤销原批准。

第六十一条　负有安全生产监督管理职责的部门对涉及安全生产的事项进行审查、验收，不得收取费用；不得要求接受审查、验收的单位购买其指定品牌或者指定生产、销售单位的安全设备、器材或者其他产品。

第六十二条　安全生产监督管理部门和其他负有安全生产监督管理职责的部门依法开展安全生产行政执法工作，对生产经营单位执行有关安全生产的法律、法规和国家标准或者行业标准的情况进行监督检查，行使以下职权：

（1）进入生产经营单位进行检查，调阅有关资料，向有关单位和人员了解情况；

（2）对检查中发现的安全生产违法行为，当场予以纠正或者要求限期改正；对依法应当给予行政处罚的行为，依照本法和其他有关法律、行政法规的规定作出行政处罚决定；

（3）对检查中发现的事故隐患，应当责令立即排除；重大事故隐患排除前或者排除过程中无法保证安全的，应当责令从危险区域内撤出作业人员，责令暂时停产停业或者停止使用相关设施、设备；重大事故隐患排除后，经审查同意，方可恢复生产经营和使用；

（4）对有根据认为不符合保障安全生产的国家标准或者行业标准的设施、设备、器材以及违法生产、储存、使用、经营、运输的危险物品予以查封或者扣押，对违法生产、储存、使用、经营危险物品的作业场所予以查封，并依法作出处理决定。

监督检查不得影响被检查单位的正常生产经营活动。

第六十三条　生产经营单位对负有安全生产监督管理职责的部门的监督检查人员（以下统称安全生产监督检查人员）依法履行监督检查职责，应当予以配合，不得拒绝、阻挠。

第六十四条　安全生产监督检查人员应当忠于职守，坚持原则，秉公执法。

安全生产监督检查人员执行监督检查任务时，必须出示有效的监督执法证件；对涉及被检查单位的技术秘密和业务秘密，应当为其保密。

第六十五条　安全生产监督检查人员应当将检查的时间、地点、内容、发现的问题及其处理情况，作出书面记录，并由检查人员和被检查单位的负责人签字；被检查单位的负责人拒绝签字的,检查人员应当将情况记录在案,并向负有安全生产监督管理职责的部门报告。

第六十六条　负有安全生产监督管理职责的部门在监督检查中,应当互相配合,实行联合检查;确需分别进行检查的,应当互通情况,发现存在的安全问题应当由其他有关部门进行处理的,应当及时移送其他有关部门并形成记录备查,接受移送的部门应当及时进行处理。

第六十七条　负有安全生产监督管理职责的部门依法对存在重大事故隐患的生产经营单位作出停产停业、停止施工、停止使用相关设施或者设备的决定,生产经营单位应当依法执行,及时消除事故隐患。生产经营单位拒不执行,有发生生产安全事故的现实危险的,在保证安全的前提下,经本部门主要负责人批准,负有安全生产监督管理职责的部门可以采取通知有关单位停止供电、停止供应民用爆炸物品等措施,强制生产经营单位履行决定。通知应当采用书面形式,有关单位应当予以配合。

负有安全生产监督管理职责的部门依照前款规定采取停止供电措施,除有危及生产安全的紧急情形外,应当提前二十四小时通知生产经营单位。生产经营单位依法履行行政决定、采取相应措施消除事故隐患的,负有安全生产监督管理职责的部门应当及时解除前款规定的措施。

第六十八条　监察机关依照行政监察法的规定,对负有安全生产监督管理职责的部门及其工作人员履行安全生产监督管理职责实施监察。

第六十九条　承担安全评价、认证、检测、检验的机构应当具备国家规定的资质条件,并对其作出的安全评价、认证、检测、检验的结果负责。

第七十条　负有安全生产监督管理职责的部门应当建立举报制度,公开举报电话、信箱或者电子邮件地址,受理有关安全生产的举报;受理的举报事项经调查核实后,应当形成书面材料;需要落实整改措施的,报经有关负责人签字并督促落实。

第七十一条　任何单位或者个人对事故隐患或者安全生产违法行为,均有权向负有安全生产监督管理职责的部门报告或者举报。

第七十二条　居民委员会、村民委员会发现其所在区域内的生产经营单位存在事故隐患或者安全生产违法行为时,应当向当地人民政府或者有关部门报告。

第七十三条　县级以上各级人民政府及其有关部门对报告重大事故隐患或者举报安全生产违法行为的有功人员,给予奖励。具体奖励办法由国务院安全生产监督管理部门会同国务院财政部门制定。

第七十四条　新闻、出版、广播、电影、电视等单位有进行安全生产公益宣传教育的义务,有对违反安全生产法律、法规的行为进行舆论监督的权利。

第七十五条　负有安全生产监督管理职责的部门应当建立安全生产违法行为信息库,如实记录生产经营单位的安全生产违法行为信息;对违法行为情节严重的生产经营单位,应当向社会公告,并通报行业主管部门、投资主管部门、国土资源主管部门、证券监督管理机构以及有关金融机构。

(五)生产安全事故的应急救援与调查处理

第七十六条　国家加强生产安全事故应急能力建设,在重点行业、领域建立应急救援基地和应急救援队伍,鼓励生产经营单位和其他社会力量建立应急救援队伍,配备相应的应急救援装备和物资,提高应急救援的专业化水平。

国务院安全生产监督管理部门建立全国统一的生产安全事故应急救援信息系统,国务院有关部门建立健全相关行业、领域的生产安全事故应急救援信息系统。

第七十七条 县级以上地方各级人民政府应当组织有关部门制定本行政区域内生产安全事故应急救援预案,建立应急救援体系。

第七十八条 生产经营单位应当制定本单位生产安全事故应急救援预案,与所在地县级以上地方人民政府组织制定的生产安全事故应急救援预案相衔接,并定期组织演练。

第七十九条 危险物品的生产、经营、储存单位以及矿山、金属冶炼、城市轨道交通运营、建筑施工单位应当建立应急救援组织;生产经营规模较小的,可以不建立应急救援组织,但应当指定兼职的应急救援人员。

危险物品的生产、经营、储存、运输单位以及矿山、金属冶炼、城市轨道交通运营、建筑施工单位应当配备必要的应急救援器材、设备和物资,并进行经常性维护、保养,保证正常运转。

第八十条 生产经营单位发生生产安全事故后,事故现场有关人员应当立即报告本单位负责人。

单位负责人接到事故报告后,应当迅速采取有效措施,组织抢救,防止事故扩大,减少人员伤亡和财产损失,并按照国家有关规定立即如实报告当地负有安全生产监督管理职责的部门,不得隐瞒不报、谎报或者迟报,不得故意破坏事故现场、毁灭有关证据。

第八十一条 负有安全生产监督管理职责的部门接到事故报告后,应当立即按照国家有关规定上报事故情况。负有安全生产监督管理职责的部门和有关地方人民政府对事故情况不得隐瞒不报、谎报或者迟报。

第八十二条 有关地方人民政府和负有安全生产监督管理职责的部门的负责人接到生产安全事故报告后,应当按照生产安全事故应急救援预案的要求立即赶到事故现场,组织事故抢救。

参与事故抢救的部门和单位应当服从统一指挥,加强协同联动,采取有效的应急救援措施,并根据事故救援的需要采取警戒、疏散等措施,防止事故扩大和次生灾害的发生,减少人员伤亡和财产损失。

事故抢救过程中应当采取必要措施,避免或者减少对环境造成的危害。

任何单位和个人都应当支持、配合事故抢救,并提供一切便利条件。

第八十三条 事故调查处理应当按照科学严谨、依法依规、实事求是、注重实效的原则,及时、准确地查清事故原因,查明事故性质和责任,总结事故教训,提出整改措施,并对事故责任者提出处理意见。事故调查报告应当依法及时向社会公布。事故调查和处理的具体办法由国务院制定。

事故发生单位应当及时全面落实整改措施,负有安全生产监督管理职责的部门应当加强监督检查。

第八十四条 生产经营单位发生生产安全事故,经调查确定为责任事故的,除了应当查明事故单位的责任并依法予以追究外,还应当查明对安全生产的有关事项负有审查批准和监督职责的行政部门的责任,对有失职、渎职行为的,依照本法第八十七条的规定追究法律责任。

第八十五条 任何单位和个人不得阻挠和干涉对事故的依法调查处理。

第八十六条 县级以上地方各级人民政府安全生产监督管理部门应当定期统计分析本行政区域内发生生产安全事故的情况,并定期向社会公布。

(六)法律责任

第八十七条　负有安全生产监督管理职责的部门的工作人员,有下列行为之一的,给予降级或者撤职的处分;构成犯罪的,依照刑法有关规定追究刑事责任:

(1)对不符合法定安全生产条件的涉及安全生产的事项予以批准或者验收通过的;

(2)发现未依法取得批准、验收的单位擅自从事有关活动或者接到举报后不予取缔或者不依法予以处理的;

(3)对已经依法取得批准的单位不履行监督管理职责,发现其不再具备安全生产条件而不撤销原批准或者发现安全生产违法行为不予查处的;

(4)在监督检查中发现重大事故隐患,不依法及时处理的。

负有安全生产监督管理职责的部门的工作人员有前款规定以外的滥用职权、玩忽职守、徇私舞弊行为的,依法给予处分;构成犯罪的,依照刑法有关规定追究刑事责任。

第八十八条　负有安全生产监督管理职责的部门,要求被审查、验收的单位购买其指定的安全设备、器材或者其他产品的,在对安全生产事项的审查、验收中收取费用的,由其上级机关或者监察机关责令改正,责令退还收取的费用;情节严重的,对直接负责的主管人员和其他直接责任人员依法给予处分。

第八十九条　承担安全评价、认证、检测、检验工作的机构,出具虚假证明的,没收违法所得;违法所得在十万元以上的,并处违法所得二倍以上五倍以下的罚款;没有违法所得或者违法所得不足十万元的,单处或者并处十万元以上二十万元以下的罚款;对其直接负责的主管人员和其他直接责任人员处二万元以上五万元以下的罚款;给他人造成损害的,与生产经营单位承担连带赔偿责任;构成犯罪的,依照刑法有关规定追究刑事责任。

对有前款违法行为的机构,吊销其相应资质。

第九十条　生产经营单位的决策机构、主要负责人或者个人经营的投资人不依照本法规定保证安全生产所必需的资金投入,致使生产经营单位不具备安全生产条件的,责令限期改正,提供必需的资金;逾期未改正的,责令生产经营单位停产停业整顿。

有前款违法行为,导致发生生产安全事故的,对生产经营单位的主要负责人给予撤职处分,对个人经营的投资人处二万元以上二十万元以下的罚款;构成犯罪的,依照刑法有关规定追究刑事责任。

第九十一条　生产经营单位的主要负责人未履行本法规定的安全生产管理职责的,责令限期改正;逾期未改正的,处二万元以上五万元以下的罚款,责令生产经营单位停产停业整顿。

生产经营单位的主要负责人有前款违法行为,导致发生生产安全事故的,给予撤职处分;构成犯罪的,依照刑法有关规定追究刑事责任。

生产经营单位的主要负责人依照前款规定受刑事处罚或者撤职处分的,自刑罚执行完毕或者受处分之日起,五年内不得担任任何生产经营单位的主要负责人;对重大、特别重大生产安全事故负有责任的,终身不得担任本行业生产经营单位的主要负责人。

第九十二条　生产经营单位的主要负责人未履行本法规定的安全生产管理职责,导致发生生产安全事故的,由安全生产监督管理部门依照下列规定处以罚款:

(1)发生一般事故的,处上一年年收入百分之三十的罚款;

(2)发生较大事故的,处上一年年收入百分之四十的罚款;

(3)发生重大事故的,处上一年年收入百分之六十的罚款;

(4)发生特别重大事故的,处上一年年收入百分之八十的罚款。

第九十三条 生产经营单位的安全生产管理人员未履行本法规定的安全生产管理职责的,责令限期改正;导致发生生产安全事故的,暂停或者撤销其与安全生产有关的资格;构成犯罪的,依照刑法有关规定追究刑事责任。

第九十四条 生产经营单位有下列行为之一的,责令限期改正,可以处五万元以下的罚款;逾期未改正的,责令停产停业整顿,并处五万元以上十万元以下的罚款,对其直接负责的主管人员和其他直接责任人员处一万元以上二万元以下的罚款:

(1)未按照规定设置安全生产管理机构或者配备安全生产管理人员的;

(2)危险物品的生产、经营、储存单位以及矿山、金属冶炼、建筑施工、道路运输单位的主要负责人和安全生产管理人员未按照规定经考核合格的;

(3)未按照规定对从业人员、被派遣劳动者、实习学生进行安全生产教育和培训,或者未按照规定如实告知有关的安全生产事项的;

(4)未如实记录安全生产教育和培训情况的;

(5)未将事故隐患排查治理情况如实记录或者未向从业人员通报的;

(6)未按照规定制定生产安全事故应急救援预案或者未定期组织演练的;

(7)特种作业人员未按照规定经专门的安全作业培训并取得相应资格,上岗作业的。

第九十五条 生产经营单位有下列行为之一的,责令停止建设或者停产停业整顿,限期改正;逾期未改正的,处五十万元以上一百万元以下的罚款,对其直接负责的主管人员和其他直接责任人员处二万元以上五万元以下的罚款;构成犯罪的,依照刑法有关规定追究刑事责任:

(1)未按照规定对矿山、金属冶炼建设项目或者用于生产、储存、装卸危险物品的建设项目进行安全评价的;

(2)矿山、金属冶炼建设项目或者用于生产、储存、装卸危险物品的建设项目没有安全设施设计或者安全设施设计未按照规定报经有关部门审查同意的;

(3)矿山、金属冶炼建设项目或者用于生产、储存、装卸危险物品的建设项目的施工单位未按照批准的安全设施设计施工的;

(4)矿山、金属冶炼建设项目或者用于生产、储存危险物品的建设项目竣工投入生产或者使用前,安全设施未经验收合格的。

第九十六条 生产经营单位有下列行为之一的,责令限期改正,可以处五万元以下的罚款;逾期未改正的,处五万元以上二十万元以下的罚款,其直接负责的主管人员和其他直接责任人员处一万元以上二万元以下的罚款;情节严重的,责令停产停业整顿;构成犯罪的,依照刑法有关规定追究刑事责任:

(1)未在有较大危险因素的生产经营场所和有关设施、设备上设置明显的安全警示标志的;

(2)安全设备的安装、使用、检测、改造和报废不符合国家标准或者行业标准的;

(3)未对安全设备进行经常性维护、保养和定期检测的;

(4)未为从业人员提供符合国家标准或者行业标准的劳动防护用品的;

(5)危险物品的容器、运输工具,以及涉及人身安全、危险性较大的海洋石油开采特种设备和矿山井下特种设备未经具有专业资质的机构检测、检验合格,取得安全使用证或者安全标志,投入使用的;

(6)使用应当淘汰的危及生产安全的工艺、设备的。

第九十七条　未经依法批准,擅自生产、经营、运输、储存、使用危险物品或者处置废弃危险物品的,依照有关危险物品安全管理的法律、行政法规的规定予以处罚;构成犯罪的,依照刑法有关规定追究刑事责任。

第九十八条　生产经营单位有下列行为之一的,责令限期改正,可以处十万元以下的罚款;逾期未改正的,责令停产停业整顿,并处十万元以上二十万元以下的罚款,对其直接负责的主管人员和其他直接责任人员处二万元以上五万元以下的罚款;构成犯罪的,依照刑法有关规定追究刑事责任:

(1)生产、经营、运输、储存、使用危险物品或者处置废弃危险物品,未建立专门安全管理制度、未采取可靠的安全措施的;

(2)对重大危险源未登记建档,或者未进行评估、监控,或者未制定应急预案的;

(3)进行爆破、吊装以及国务院安全生产监督管理部门会同国务院有关部门规定的其他危险作业,未安排专门人员进行现场安全管理的;

(4)未建立事故隐患排查治理制度的。

第九十九条　生产经营单位未采取措施消除事故隐患的,责令立即消除或者限期消除;生产经营单位拒不执行的,责令停产停业整顿,并处十万元以上五十万元以下的罚款,对其直接负责的主管人员和其他直接责任人员处二万元以上五万元以下的罚款。

第一百条　生产经营单位将生产经营项目、场所、设备发包或者出租给不具备安全生产条件或者相应资质的单位或者个人的,责令限期改正,没收违法所得;违法所得十万元以上的,并处违法所得二倍以上五倍以下的罚款;没有违法所得或者违法所得不足十万元的,单处或者并处十万元以上二十万元以下的罚款;对其直接负责的主管人员和其他直接责任人员处一万元以上二万元以下的罚款;导致发生生产安全事故给他人造成损害的,与承包方、承租方承担连带赔偿责任。

生产经营单位未与承包单位、承租单位签订专门的安全生产管理协议或者未在承包合同、租赁合同中明确各自的安全生产管理职责,或者未对承包单位、承租单位的安全生产统一协调、管理的,责令限期改正,可以处五万元以下的罚款,对其直接负责的主管人员和其他直接责任人员可以处一万元以下的罚款;逾期未改正的,责令停产停业整顿。

第一百零一条　两个以上生产经营单位在同一作业区域内进行可能危及对方安全生产的生产经营活动,未签订安全生产管理协议或者未指定专职安全生产管理人员进行安全检查与协调的,责令限期改正,可以处五万元以下的罚款,对其直接负责的主管人员和其他直接责任人员可以处一万元以下的罚款;逾期未改正的,责令停产停业。

第一百零二条　生产经营单位有下列行为之一的,责令限期改正,可以处五万元以下的罚款,对其直接负责的主管人员和其他直接责任人员可以处一万元以下的罚款;逾期未改正的,责令停产停业整顿;构成犯罪的,依照刑法有关规定追究刑事责任:

(1)生产、经营、储存、使用危险物品的车间、商店、仓库与员工宿舍在同一座建筑内,或者与员工宿舍的距离不符合安全要求的;

(2)生产经营场所和员工宿舍未设有符合紧急疏散需要、标志明显、保持畅通的出口,或者锁闭、封堵生产经营场所或者员工宿舍出口的。

第一百零三条　生产经营单位与从业人员订立协议,免除或者减轻其对从业人员因生产安全事故伤亡依法应承担的责任的,该协议无效;对生产经营单位的主要负责人、个人经营的投资人处二万元以上十万元以下的罚款。

第一百零四条 生产经营单位的从业人员不服从管理,违反安全生产规章制度或者操作规程的,由生产经营单位给予批评教育,依照有关规章制度给予处分;构成犯罪的,依照刑法有关规定追究刑事责任。

第一百零五条 违反本法规定,生产经营单位拒绝、阻碍负有安全生产监督管理职责的部门依法实施监督检查的,责令改正;拒不改正的,处二万元以上二十万元以下的罚款;对其直接负责的主管人员其他直接责任人员处一万元以上二万元以下的罚款;构成犯罪的,依照刑法有关规定追究刑事责任

第一百零六条 生产经营单位的主要负责人在本单位发生生产安全事故时,不立即组织抢救或者在事故调查处理期间擅离职守或者逃匿的,给予降级、撤职的处分,并由安全生产监督管理部门处上一年年收入百分之六十至百分之一百的罚款;对逃匿的处十五日以下拘留;构成犯罪的,依照刑法有关规定追究刑事责任。

生产经营单位的主要负责人对生产安全事故隐瞒不报、谎报或者迟报的,依照前款规定处罚。

第一百零七条 有关地方人民政府、负有安全生产监督管理职责的部门,对生产安全事故隐瞒不报、谎报或者迟报的,对直接负责的主管人员和其他直接责任人员依法给予处分;构成犯罪的,依照刑法有关规定追究刑事责任。

第一百零八条 生产经营单位不具备本法和其他有关法律、行政法规和国家标准或者行业标准规定的安全生产条件,经停产停业整顿仍不具备安全生产条件的,予以关闭;有关部门应当依法吊销其有关证照。

第一百零九条 发生生产安全事故,对负有责任的生产经营单位除要求其依法承担相应的赔偿等责任外,由安全生产监督管理部门依照下列规定处以罚款:

(1)发生一般事故的,处二十万元以上五十万元以下的罚款;

(2)发生较大事故的,处五十万元以上一百万元以下的罚款;

(3)发生重大事故的,处一百万元以上五百万元以下的罚款;

(4)发生特别重大事故的,处五百万元以上一千万元以下的罚款;情节特别严重的,处一千万元以上二千万元以下的罚款。

第一百一十条 本法规定的行政处罚,由安全生产监督管理部门和其他负有安全生产监督管理职责的部门按照职责分工决定。予以关闭的行政处罚由负有安全生产监督管理职责的部门报请县级以上人民政府按照国务院规定的权限决定;给予拘留的行政处罚由公安机关依照治安管理处罚法的规定决定。

第一百一十一条 生产经营单位发生生产安全事故造成人员伤亡、他人财产损失的,应当依法承担赔偿责任;拒不承担或者其负责人逃匿的,由人民法院依法强制执行。

生产安全事故的责任人未依法承担赔偿责任,经人民法院依法采取执行措施后,仍不能对受害人给予足额赔偿的,应当继续履行赔偿义务;受害人发现责任人有其他财产的,可以随时请求人民法院执行。

(七)附则

第一百一十二条 本法下列用语的含义:

危险物品,是指易燃易爆物品、危险化学品、放射性物品等能够危及人身安全和财产安全的物品。

重大危险源,是指长期地或者临时地生产、搬运、使用或者储存危险物品,且危险物品的数量等于或者超过临界量的单元(包括场所和设施)。

第一百一十三条　本法规定的生产安全一般事故、较大事故、重大事故、特别重大事故的划分标准由国务院规定。

国务院安全生产监督管理部门和其他负有安全生产监督管理职责的部门应当根据各自的职责分工,制定相关行业、领域重大事故隐患的判定标准。

第一百一十四条　本法自 2014 年 12 月 1 日起施行。

二、《中华人民共和国职业病防治法》及相关要求介绍

本法于 2001 年 10 月 27 日第九届全国人民代表大会常务委员会第二十四次会议通过,根据 2011 年 12 月 31 日第十一届全国人民代表大会常务委员会第二十四次会议《关于修改〈中华人民共和国职业病防治法〉的决定》第一次修正;根据 2016 年 7 月 2 日第十二届全国人民代表大会常务委员会第二十一次会议《关于修改〈中华人民共和国节约能源法〉等六部法律的决定》第二次修正;根据 2017 年 11 月 4 日第十二届全国人民代表大会常务委员会第三十次会议《关于修改〈中华人民共和国会计法〉等十一部法律的决定》第三次修正;根据 2018 年 12 月 29 日第十三届全国人民代表大会常务委员会第七次会议《关于修改〈中华人民共和国劳动法〉等七部法律的决定》第四次修正。

本法分总则(方针)、前期预防、劳动过程中的防护与管理,职业病诊断与职业病病人保障,监督检查、法律责任和附则,共七章八十八条。

(一)职业病范围和职业病防治方针

第二条　本法适用于中华人民共和国领域内的职业病防治活动。本法所称职业病,是指企业、事业单位和个体经济组织等用人单位的劳动者在职业活动中,因接触粉尘、放射性物质和其他有毒、有害因素而引起的疾病。职业病的分类和目录由国务院卫生行政部门会同国务院安全生产监督管理部门、劳动保障行政部门制定、调整并公布。

第三条　职业病防治工作坚持预防为主、防治结合的方针,建立用人单位负责、行政机关监管、行业自律、职工参与和社会监督的机制,实行分类管理、综合治理。

(二)用人单位的义务和责任

第四条　劳动者依法享有职业卫生保护的权利。

用人单位应当为劳动者创造符合国家职业卫生标准和卫生要求的工作环境和条件,并采取措施保障劳动者获得职业卫生保护。

工会组织依法对职业病防治工作进行监督,维护劳动者的合法权益。用人单位制定或者修改有关职业病防治的规章制度,应当听取工会组织的意见。

第五条　用人单位应当建立、健全职业病防治责任制,加强对职业病防治的管理,提高职业病防治水平,对本单位产生的职业病危害承担责任。

第六条　用人单位的主要负责人对本单位的职业病防治工作全面负责。

第七条　用人单位必须依法参加工伤保险。

国务院和县级以上地方人民政府劳动保障行政部门应当加强对工伤保险的监督管理,确保劳动者依法享受工伤保险待遇。

(三)前期预防

第十四条　用人单位应当依照法律、法规要求,严格遵守国家职业卫生标准,落实职业病预防措施，从源头上控制和消除职业病危害。

第十五条　产生职业病危害的用人单位的设立除应当符合法律、行政法规规定的设立条件外，其工作场所还应当符合下列职业卫生要求：

(1)职业病危害因素的强度或者浓度符合国家职业卫生标准；

(2)有与职业病危害防护相适应的设施；

(3)生产布局合理，符合有害与无害作业分开的原则；

(4)有配套的更衣间、洗浴间、孕妇休息间等卫生设施；

(5)设备、工具、用具等设施符合保护劳动者生理、心理健康的要求；

(6)法律、行政法规和国务院卫生行政部门、安全生产监督管理部门关于保护劳动者健康的其他要求。

第十六条　国家建立职业病危害项目申报制度。

用人单位工作场所存在职业病目录所列职业病的危害因素的，应当及时、如实向所在地安全生产监督管理部门申报危害项目，接受监督。

职业病危害因素分类目录由国务院卫生行政部门会同国务院安全生产监督管理部门制定、调整并公布。职业病危害项目申报的具体办法由国务院安全生产监督管理部门制定。

第十七条　新建、扩建、改建建设项目和技术改造、技术引进项目(以下统称建设项目)可能产生职业病危害的，建设单位在可行性论证阶段应当进行职业病危害预评价。

医疗机构建设项目可能产生放射性职业病危害的，建设单位应当向卫生行政部门提交放射性职业病危害预评价报告。卫生行政部门应当自收到预评价报告之日起三十日内，作出审核决定并书面通知建设单位。未提交预评价报告或者预评价报告未经卫生行政部门审核同意的，不得开工建设。职业病危害预评价报告应当对建设项目可能产生的职业病危害因素及其对工作场所和劳动者健康的影响作出评价，确定危害类别和职业病防护措施。建设项目职业病危害分类管理办法由国务院安全生产监督管理部门制定。

第十八条　建设项目的职业病防护设施所需费用应当纳入建设项目工程预算，并与主体工程同时设计，同时施工，同时投入生产和使用。

建设项目的职业病防护设施设计应当符合国家职业卫生标准和卫生要求；其中，医疗机构放射性职业病危害严重的建设项目的防护设施设计，应当经卫生行政部门审查同意后，方可施工。建设项目在竣工验收前，建设单位应当进行职业病危害控制效果评价。

医疗机构可能产生放射性职业病危害的建设项目竣工验收时，其放射性职业病防护设施经卫生行政部门验收合格后，方可投入使用；其他建设项目的职业病防护设施应当由建设单位负责依法组织验收，验收合格后，方可投入生产和使用。安全生产监督管理部门应当加强对建设单位组织的验收活动和验收结果的监督核查。

第十九条　国家对从事放射性、高毒、高危粉尘等作业实行特殊管理。具体管理办法由国务院制定。

(四)劳动过程中的防护与管理

第二十一条　用人单位应当采取下列职业病防治管理措施：

(1)设置或者指定职业卫生管理机构或者组织，配备专职或者兼职的职业卫生管理人员，负责本单位的职业病防治工作；

(2)制定职业病防治计划和实施方案；

（3）建立、健全职业卫生管理制度和操作规程；

（4）建立、健全职业卫生档案和劳动者健康监护档案；

（5）建立、健全工作场所职业病危害因素监测及评价制度；

（6）建立、健全职业病危害事故应急救援预案。

第二十三条　用人单位必须采用有效的职业病防护设施，并为劳动者提供个人使用的职业病防护用品。

第二十四条　用人单位应当优先采用有利于防治职业病和保护劳动者健康的新技术、新工艺、新设备、新材料。

第二十五条　产生职业病危害的用人单位，应当在醒目位置设置公告栏，公布有关职业病防治的规章制度，职业病危害因素检测结果。对产生严重职业病危害的作业岗位，应当在其醒目位置，设置警示标识和中文警示说明。

第二十六条　对可能发生急性职业损伤的有毒、有害工作场所，用人单位应当设置报警装置，配置现场急救用品、冲洗设备、应急撤离通道和必要的泄险区。

对职业病防护设备、应急救援设施和个人使用的职业病防护用品，用人单位应当进行经常性的维护、检修，定期检测其性能和效果，确保其处于正常状态，不得擅自拆除或者停止使用。

第二十七条　用人单位应当实施由专人负责的职业病危害因素日常监测，并确保监测系统处于正常运行状态。

定期对工作场所进行职业病危害因素检测、评价。检测、评价结果存入用人单位职业卫生档案，定期向所在地安全生产监督管理部门报告并向劳动者公布。

发现工作场所职业病危害因素不符合国家职业卫生标准和卫生要求时，用人单位应当立即采取相应治理措施，

第三十三条　用人单位对采用的技术、工艺、设备、材料，应当知悉其产生的职业病危害，对有职业病危害的技术、工艺、设备、材料隐瞒其危害而采用的，对所造成的职业病危害后果承担责任。

第三十四条　用人单位与劳动者订立劳动合同（含聘用合同）时，应当将工作过程中可能产生的职业病危害及其后果、职业病防护措施和待遇等如实告知劳动者，并在劳动合同中写明，不得隐瞒或者欺骗。

第三十五条　用人单位的主要负责人和职业卫生管理人员应当接受职业卫生培训，用人单位应当对劳动者进行上岗前的职业卫生培训和在岗期间的定期职业卫生培训，劳动者应当学习和掌握相关的职业卫生知识，增强职业病防范意识，遵守职业病防治法律、法规、规章和操作规程，正确使用、维护职业病防护设备和个人使用的职业病防护用品，发现职业病危害事故隐患应当及时报告。

（五）职业病与职业病人保障

第四十四条至第五十条规定了职业病诊断机构的要求、诊断应提供的材料，诊断应分析的因素以及诊断鉴定结果有异议的仲裁渠道。

第五十一条　用人单位和医疗卫生机构发现职业病病人或者疑似职业病病人时，应当及时向所在地卫生行政部门和安全生产监督管理部门报告。确诊为职业病的，用人单位还应当向所在地劳动保障行政部门报告。

第五十七条　用人单位应当保障职业病病人依法享受国家规定的职业病待遇。

用人单位应当按照国家有关规定，安排职业病病人进行治疗、康复和定期检查。

用人单位对不适宜继续从事原工作的职业病病人，应当调离原岗位，并妥善安置。

用人单位对从事接触职业病危害的作业的劳动者，应当给予适当岗位津贴。

（六）监督检查、法律责任及附则

第五章明确了国家各级职业卫生监督管理部门和安全生产监督管理部门监督检查的要求及执法人员资格认定。第六章明确了违法的处罚规定。

第八十五条　本法下列用语的含义：

职业病危害，是指对从事职业活动的劳动者可能导致职业病的各种危害。职业病危害因素包括：职业活动中存在的各种有害的化学、物理、生物因素以及在作业过程中产生的其他职业有害因素。职业禁忌，是指劳动者从事特定职业或者接触特定职业病危害因素时，比一般职业人群更易于遭受职业病危害和罹患职业病或者可能导致原有自身疾病病情加重，或者在从事作业过程中诱发可能导致对他人生命健康构成危险的疾病的个人特殊生理或者病理状态。对医疗机构放射性职业病危害控制的监督管理，由卫生行政部门依照本法的规定实施。

三、《中华人民共和国劳动法》及相关要求介绍

《中华人民共和国劳动法》由中华人民共和国第八届全国人民代表大会常务委员会第八次会议于1994年7月5日通过，自1995年1月1日起施行，根据2009年8月27日第十一届全国人民代表大会常务委员会第十次会议《关于修改部分法律的决定》第一次修正；根据2018年12月29日第十三届全国人民代表大会常务委员会第七次会议《关于修改〈中华人民共和国劳动法〉等七部法律的决定》第二次修正。

本法共十三章一百零七条，对促进就业、劳动合同和集体合同、工作时间和休息休假、工资、劳动安全卫生、女职工和未成年工特殊保护、职业培训、社会保险和福利、劳动争议的处理等进行了规定。

（一）劳动安全卫生

第五十二条　用人单位必须建立、健全劳动安全卫生制度，严格执行国家劳动安全卫生规程和标准，对劳动者进行劳动安全卫生教育，防止劳动过程中的事故，减少职业危害。

第五十三条　劳动安全卫生设施必须符合国家规定的标准。

新建、改建、扩建工程的劳动安全卫生设施必须与主体工程同时设计、同时施工、同时投入生产和使用。

第五十四条　用人单位必须为劳动者提供符合国家规定的劳动安全卫生条件和必要的劳动防护用品，对从事有职业危害作业的劳动者应当定期进行健康检查。

第五十五条　从事特种作业的劳动者必须经过专门培训并取得特种作业资格。

第五十六条　劳动者在劳动过程中必须严格遵守安全操作规程。

劳动者对用人单位管理人员违章指挥、强令冒险作业，有权拒绝执行；对危害生命安全和身体健康的行为，有权提出批评、检举和控告。

第五十七条　国家建立伤亡事故和职业病统计报告和处理制度。县级以上各级人民政府劳动行政部门、有关部门和用人单位应当依法对劳动者在劳动过程中发生的伤亡事故和劳动者的职业病状况，进行统计、报告和处理。

（二）女职工和未成年工特殊保护

第五十八条　国家对女职工和未成年工实行特殊劳动保护。

未成年工是指年满十六周岁未满十八周岁的劳动者。

第五十九条　禁止安排女职工从事矿山井下、国家规定的第四级体力劳动强度的劳动和其他禁忌从事的劳动。

第六十条　不得安排女职工在经期从事高处、低温、冷水作业和国家规定的第三级体力劳动强度的劳动。

第六十一条　不得安排女职工在怀孕期间从事国家规定的第三级体力劳动强度的劳动和孕期禁忌从事的劳动。对怀孕七个月以上的女职工，不得安排其延长工作时间和夜班劳动。

第六十二条　女职工生育享受不少于九十天的产假。

第六十三条　不得安排女职工在哺乳未满一周岁的婴儿期间从事国家规定的第三级体力劳动强度的劳动和哺乳期禁忌从事的其他劳动，不得安排其延长工作时间和夜班劳动。

第六十四条　不得安排未成年工从事矿山井下、有毒有害、国家规定的第四级体力劳动强度的劳动和其他禁忌从事的劳动。

第六十五条　用人单位应当对未成年工定期进行健康检查。

（三）职业培训

第六十六条　国家通过各种途径，采取各种措施，发展职业培训事业，开发劳动者的职业技能，提高劳动者素质，增强劳动者的就业能力和工作能力。

第六十七条　各级人民政府应当把发展职业培训纳入社会经济发展的规划，鼓励和支持有条件的企业、事业组织、社会团体和个人进行各种形式的职业培训。

第六十八条　用人单位应当建立职业培训制度，按照国家规定提取和使用职业培训经费，根据本单位实际，有计划地对劳动者进行职业培训。

从事技术工种的劳动者，上岗前必须经过培训。

第六十九条　国家确定职业分类，对规定的职业制定职业技能标准，实行职业资格证书制度，由经备案的考核鉴定机构负责对劳动者实施职业技能考核鉴定。

四、《中华人民共和国消防法》（2019 年 4 月 23 日修订）及相关要求介绍

《中华人民共和国消防法》由中华人民共和国第十一届全国人民代表大会常务委员会第五次会议于 2008 年 10 月 28 日修订通过。2019 年 4 月 23 日第十三届全国人民代表大会常务委员会进行了第十次会议修正，自 2019 年 11 月 1 日起施行。本法共七章七十四条，第一章总则，第二章火灾预防，第三章消防组织，第四章灭火救援，第五章监督检查，第六章法律责任，第七章附则。对于消防工作方针、火灾预防、消防组织、灭火救援、监督检查等相关规定和要求，应予以了解和掌握。

（一）总则

第一条　为了预防火灾和减少火灾危害，加强应急救援工作，保护人身、财产安全，维护公共安全，制定本法。

第二条　消防工作贯彻预防为主、防消结合的方针，按照政府统一领导、部门依法监管、单位全面负责、公民积极参与的原则，实行消防安全责任制，建立健全社会化的消防工作网络。

（二）火灾预防

第九条　建设工程的消防设计、施工必须符合国家工程建设消防技术标准。建设、设计、施工、工程监理等单位依法对建设工程的消防设计、施工质量负责。

第十六条　机关、团体、企业、事业等单位应当履行下列消防安全职责：

（1）落实消防安全责任制，制定本单位的消防安全制度、消防安全操作规程，制定灭火和应急疏散预案；

（2）按照国家标准、行业标准配置消防设施、器材，设置消防安全标志，并定期组织检验、维修，确保完好有效；

（3）对建筑消防设施每年至少进行一次全面检测，确保完好有效，检测记录应当完整准确，存档备查；

（4）保障疏散通道、安全出口、消防车通道畅通，保证防火防烟分区、防火间距符合消防技术标准；

（5）组织防火检查，及时消除火灾隐患；

（6）组织进行有针对性的消防演练；

（7）法律、法规规定的其他消防安全职责。

单位的主要负责人是本单位的消防安全责任人。

第十七条　消防安全重点单位除应当履行本法第十六条规定的职责外，还应当履行下列消防安全职责：

（1）确定消防安全管理人，组织实施本单位的消防安全管理工作；

（2）建立消防档案，确定消防安全重点部位，设置防火标志，实行严格管理；

（3）实行每日防火巡查，并建立巡查记录；

（4）对职工进行岗前消防安全培训，定期组织消防安全培训和消防演练。

第二十一条　禁止在具有火灾、爆炸危险的场所吸烟、使用明火。因施工等特殊情况需要使用明火作业的，应当按照规定事先办理审批手续，采取相应的消防安全措施；作业人员应当遵守消防安全规定。

进行电焊、气焊等具有火灾危险作业的人员和自动消防系统的操作人员，必须持证上岗，并遵守消防安全操作规程。

第二十二条　生产、储存、装卸易燃易爆危险品的工厂、仓库和专用车站、码头的设置，应当符合消防技术标准。易燃易爆气体和液体的充装站、供应站、调压站，应当设置在符合消防安全要求的位置，并符合防火防爆要求。

第二十三条　生产、储存、运输、销售、使用、销毁易燃易爆危险品，必须执行消防技术标准和管理规定。进入生产、储存易燃易爆危险品的场所，必须执行消防安全规定。禁止非法携带易燃易爆危险品进入公共场所或者乘坐公共交通工具。

储存可燃物资仓库的管理，必须执行消防技术标准和管理规定。

（三）消防组织

第三十九条　下列单位应当建立单位专职消防队，承担本单位的火灾扑救工作：

（1）大型核设施单位、大型发电厂、民用机场、主要港口；

（2）生产、储存易燃易爆危险品的大型企业；

（3）储备可燃的重要物资的大型仓库、基地；

（4）第一项、第二项、第三项规定以外的火灾危险性较大、距离公安消防队较远的其他大型企业；

（5）距离公安消防队较远、被列为全国重点文物保护单位的古建筑群的管理单位。

第四十条　专职消防队的建立，应当符合国家有关规定，并报当地公安机关消防机构验收。

(四)灭火救援

第四十四条　任何人发现火灾都应当立即报警。任何单位、个人都应当无偿为报警提供便利,不得阻拦报警。严禁谎报火警。

第四十八条　消防车、消防艇以及消防器材、装备和设施,不得用于与消防和应急救援工作无关的事项。

第五十一条　公安机关消防机构有权根据需要封闭火灾现场,负责调查火灾原因,统计火灾损失。

火灾扑灭后,发生火灾的单位和相关人员应当按照公安机关消防机构的要求保护现场,接受事故调查,如实提供与火灾有关的情况。

五、《危险化学品安全管理条例》及相关要求介绍

《危险化学品安全管理条例》于2011年2月16日国务院第144次常务会议修订通过,自2011年12月1日起施行。根据2013年12月4日国务院第32次常务会议通过了《国务院关于修改部分行政法规的决定》,其中含有对《危险化学品安全管理条例》的修订决定,《国务院关于修改部分行政法规的决定》已经于2013年12月4日国务院第32次常务会议通过,自公布之日起施行。条例共分八章一百零八条,对危险化学品的范围,危险化学品的生产、储存、使用、经营、运输、登记与事故应急救援过程中的安全管理,以及违反本条例的法律责任做出了明确规定。

(一)危险化学品的范围、管理方针

第三条　本条例所称危险化学品,是指具有毒害、腐蚀、爆炸、燃烧、助燃等性质,对人体、设施、环境具有危害的剧毒化学品和其他化学品。

危险化学品目录,由国务院安全生产监督管理部门会同国务院工业和信息化、公安、环境保护、卫生、质量监督检验检疫、交通运输、铁路、民用航空、农业主管部门,根据化学品危险特性的鉴别和分类标准确定、公布,并适时调整。

第四条　危险化学品安全管理,应当坚持安全第一、预防为主、综合治理的方针,强化和落实企业的主体责任。

生产、储存、使用、经营、运输危险化学品的单位(以下统称危险化学品单位)的主要负责人对本单位的危险化学品安全管理工作全面负责。

第五条　任何单位和个人不得生产、经营、使用国家禁止生产、经营、使用的危险化学品。

(二)危险化学品生产、储存安全

第十二条　新建、改建、扩建生产、储存危险化学品的建设项目(以下简称建设项目),应当由安全生产监督管理部门进行安全条件审查。

第十三条　生产、储存危险化学品的单位,应当对其铺设的危险化学品管道设置明显标志,并对危险化学品管道定期检查、检测。

第十四条　危险化学品生产企业进行生产前,应当依照《安全生产许可证条例》的规定,取得危险化学品安全生产许可证。

生产列入国家实行生产许可证制度的工业产品目录的危险化学品的企业,应当依照《中华人民共和国工业产品生产许可证管理条例》的规定,取得工业产品生产许可证。

第十五条　危险化学品生产企业应当提供与其生产的危险化学品相符的化学品安全技术

说明书,并在危险化学品包装(包括外包装件)上粘贴或者拴挂与包装内危险化学品相符的化学品安全标签。化学品安全技术说明书和化学品安全标签所载明的内容应当符合国家标准的要求。

第十七条 危险化学品的包装应当符合法律、行政法规、规章的规定以及国家标准、行业标准的要求。

第十八条 生产列入国家实行生产许可证制度的工业产品目录的危险化学品包装物、容器的企业,应当依照《中华人民共和国工业产品生产许可证管理条例》的规定,取得工业产品生产许可证。

对重复使用的危险化学品包装物、容器,使用单位在重复使用前应当进行检查;发现存在安全隐患的,应当维修或者更换。使用单位应当对检查情况作出记录,记录的保存期限不得少于2年。

第二十条 生产、储存危险化学品的单位,应当在其作业场所和安全设施、设备上设置明显的安全警示标志。

第二十一条 生产、储存危险化学品的单位,应当在其作业场所设置通信、报警装置,并保证处于适用状态。

第二十二条 生产、储存危险化学品的企业,应当委托具备国家规定的资质条件的机构,对本企业的安全生产条件每3年进行一次安全评价。

第二十四条 危险化学品应当储存在专用仓库、专用场地或者专用储存室(以下统称专用仓库)内,并由专人负责管理;剧毒化学品以及储存数量构成重大危险源的其他危险化学品,应当在专用仓库内单独存放,并实行双人收发、双人保管制度。

第二十五条 储存危险化学品的单位应当建立危险化学品出入库核查、登记制度。

(三)危险化学品使用安全

第二十八条 使用单位,其使用条件(包括工艺)应当符合法律、行政法规的规定和国家标准、行业标准的要求,并根据所使用的危险化学品的种类、危险特性以及使用量和使用方式,建立、健全使用危险化学品的安全管理规章制度和安全操作规程,保证危险化学品的安全使用。

第二十九条 使用危险化学品从事生产并且使用量达到规定数量的化工企业(属于危险化学品生产企业的除外,下同),应当依照本条例的规定取得危险化学品安全使用许可证。

(四)危险化学品经营安全

第三十三条 国家对危险化学品经营(包括仓储经营,下同)实行许可制度。未经许可,任何单位和个人不得经营危险化学品。

第三十四条 从事危险化学品经营的企业应当具备下列条件:

(1)有符合国家标准、行业标准的经营场所,储存危险化学品的,还应当有符合国家标准、行业标准的储存设施;

(2)从业人员经过专业技术培训并经考核合格;

(3)有健全的安全管理规章制度;

(4)有专职安全管理人员;

(5)有符合国家规定的危险化学品事故应急预案和必要的应急救援器材、设备;

(6)法律、法规规定的其他条件。

第三十七条 危险化学品经营企业不得向未经许可从事危险化学品生产、经营活动的企业采购危险化学品,不得经营没有化学品安全技术说明书或者化学品安全标签的危险化学品。

第三十八条　个人不得购买剧毒化学品(属于剧毒化学品的农药除外)和易制爆危险化学品。

(五)危险化学品运输安全

第四十三条　从事危险化学品道路运输、水路运输的,应当分别依照有关道路运输、水路运输的法律、行政法规的规定,取得危险货物道路运输许可、危险货物水路运输许可。

危险化学品道路运输企业、水路运输企业应当配备专职安全管理人员。

第四十四条　危险化学品道路运输企业、水路运输企业的驾驶人员、船员、装卸管理人员、押运人员、申报人员、集装箱装箱现场检查员应当经交通运输主管部门考核合格,取得从业资格。

第四十五条　运输危险化学品,应当根据危险化学品的危险特性采取相应的安全防护措施,并配备必要的防护用品和应急救援器材。

第四十七条　危险化学品运输车辆应当符合国家标准要求的安全技术条件,并按照国家有关规定定期进行安全技术检验。

危险化学品运输车辆应当悬挂或者喷涂符合国家标准要求的警示标志。

第四十八条　通过道路运输危险化学品的,应当配备押运人员,并保证所运输的危险化学品处于押运人员的监控之下。

(六)危险化学品登记与事故应急救援

第六十六条　国家实行危险化学品登记制度,为危险化学品安全管理以及危险化学品事故预防和应急救援提供技术、信息支持。

第六十七条　危险化学品生产企业、进口企业,应当向国务院安全生产监督管理部门负责危险化学品登记的机构(以下简称危险化学品登记机构)办理危险化学品登记。

第七十条　危险化学品单位应当制定本单位危险化学品事故应急预案,配备应急救援人员和必要的应急救援器材、设备,并定期组织应急救援演练。

危险化学品单位应当将其危险化学品事故应急预案报所在地设区的市级人民政府安全生产监督管理部门备案。

六、《特种设备安全监察条例》及相关要求介绍

《国务院关于修改〈特种设备安全监察条例〉的决定》已经 2009 年 1 月 14 日国务院第 46 次常务会议通过,自 2009 年 5 月 1 日起施行。本条例共八章一百零三条,对特种设备的范围,特种设备的生产管理,特种设备的使用管理,特种设备的检测检验、监督检查、事故预防和调查处理以及违反本条例的法律责任做出了规定和要求。

(一)总则

第一条　为了加强特种设备的安全监察,防止和减少事故,保障人民群众生命和财产安全,促进经济发展,制定本条例。

第二条　本条例所称特种设备是指涉及生命安全、危险性较大的锅炉、压力容器(含气瓶,下同)、压力管道、电梯、起重机械、客运索道、大型游乐设施和场(厂)内专用机动车辆。

前款特种设备的目录由国务院负责特种设备安全监督管理的部门(以下简称国务院特种设备安全监督管理部门)制订,报国务院批准后执行。

第三条　特种设备的生产(含设计、制造、安装、改造、维修,下同)、使用、检验检测及其监督检查,应当遵守本条例,但本条例另有规定的除外。

(二)特种设备的生产

第十一条 压力容器的设计单位应当经国务院特种设备安全监督管理部门许可,方可从事压力容器的设计活动。

第十四条 锅炉、压力容器、电梯、起重机械、客运索道、大型游乐设施及其安全附件、安全保护装置的制造、安装、改造单位,以及压力管道用管子、管件、阀门、法兰、补偿器、安全保护装置等(以下简称压力管道元件)的制造单位和场(厂)内专用机动车辆的制造、改造单位,应当经国务院特种设备安全监督管理部门许可,方可从事相应的活动。

第二十一条 锅炉、压力容器、压力管道元件、起重机械、大型游乐设施的制造过程和锅炉、压力容器、电梯、起重机械、客运索道、大型游乐设施的安装、改造、重大维修过程,必须经国务院特种设备安全监督管理部门核准的检验检测机构按照安全技术规范的要求进行监督检验;未经监督检验合格的不得出厂或者交付使用。

(三)特种设备的使用

第二十三条 特种设备使用单位,应当严格执行本条例和有关安全生产的法律、行政法规的规定,保证特种设备的安全使用。

第二十四条 特种设备使用单位应当使用符合安全技术规范要求的特种设备。

第二十五条 特种设备在投入使用前或者投入使用后 30 日内,特种设备使用单位应当向直辖市或者设区的市的特种设备安全监督管理部门登记。

第二十六条 特种设备使用单位应当建立特种设备安全技术档案。

第二十七条 特种设备使用单位应当对在用特种设备进行经常性日常维护保养,并定期自行检查。

特种设备使用单位对在用特种设备应当至少每月进行一次自行检查,并作出记录。特种设备使用单位在对在用特种设备进行自行检查和日常维护保养时发现异常情况的,应当及时处理。

特种设备使用单位应当对在用特种设备的安全附件、安全保护装置、测量调控装置及有关附属仪器仪表进行定期校验、检修,并作出记录。

第三十三条 电梯、客运索道、大型游乐设施等为公众提供服务的特种设备运营使用单位,应当设置特种设备安全管理机构或者配备专职的安全管理人员;其他特种设备使用单位,应当根据情况设置特种设备安全管理机构或者配备专职、兼职的安全管理人员。

特种设备的安全管理人员应当对特种设备使用状况进行经常性检查,发现问题的应当立即处理;情况紧急时,可以决定停止使用特种设备并及时报告本单位有关负责人。

第三十八条 锅炉、压力容器、电梯、起重机械、客运索道、大型游乐设施、场(厂)内专用机动车辆的作业人员及其相关管理人员(以下统称特种设备作业人员),应当按照国家有关规定经特种设备安全监督管理部门考核合格,取得国家统一格式的特种作业人员证书,方可从事相应的作业或者管理工作。

第三十九条 特种设备使用单位应当对特种设备作业人员进行特种设备安全、节能教育和培训,保证特种设备作业人员具备必要的特种设备安全、节能知识。特种设备作业人员在作业中应当严格执行特种设备的操作规程和有关的安全规章制度。

(四)检验检测

第四十一条 从事本条例规定的监督检验、定期检验、型式试验以及专门为特种设备生产、使用、检验检测提供无损检测服务的特种设备检验检测机构,应当经国务院特种设备安全监督管理部门核准。

第四十四条 从事本条例规定的监督检验、定期检验、型式试验和无损检测的特种设备检验检测人员应当经国务院特种设备安全监督管理部门组织考核合格,取得检验检测人员证书,方可从事检验检测工作。

第四十六条 特种设备检验检测机构和检验检测人员应当客观、公正、及时地出具检验检测结果、鉴定结论。

七、《劳动防护用品监督管理规定》

《劳动防护用品监督管理规定》已经 2005 年 7 月 8 日国家安全生产监督管理总局局务会议审议通过,自 2005 年 9 月 1 日起施行。本规定共六章三十一条,对劳动防护用品生产、检验、经营,劳动防护用品的配备与使用等进行了规定。

(一)总则

第一条 为加强和规范劳动防护用品的监督管理,保障从业人员的安全与健康,根据安全生产法及有关法律、行政法规,制定本规定。

第二条 在中华人民共和国境内生产、检验、经营和使用劳动防护用品,适用本规定。

第三条 本规定所称劳动防护用品,是指由生产经营单位为从业人员配备的,使其在劳动过程中免遭或者减轻事故伤害及职业危害的个人防护装备。

第四条 劳动防护用品分为特种劳动防护用品和一般劳动防护用品。

特种劳动防护用品目录由国家安全生产监督管理总局确定并公布;未列入目录的劳动防护用品为一般劳动防护用品。

第五条 国家安全生产监督管理总局对全国劳动防护用品的生产、检验、经营和使用的情况实施综合监督管理。

省级安全生产监督管理部门对本行政区域内劳动防护用品的生产、检验、经营和使用的情况实施综合监督管理。

煤矿安全监察机构对监察区域内煤矿企业劳动防护用品使用情况实施监察。

第六条 特种劳动防护用品实行安全标志管理。特种劳动防护用品安全标志管理工作由国家安全生产监督管理总局指定的特种劳动防护用品安全标志管理机构实施,受指定的特种劳动防护用品安全标志管理机构对其核发的安全标志负责。

(二)劳动防护用品的生产、检验、经营

第七条 生产劳动防护用品的企业应当具备下列条件:

(1)有工商行政管理部门核发的营业执照;

(2)有满足生产需要的生产场所和技术人员;

(3)有保证产品安全防护性能的生产设备;

(4)有满足产品安全防护性能要求的检验与测试手段;

(5)有完善的质量保证体系;

(6)有产品标准和相关技术文件;

(7)产品符合国家标准或者行业标准的要求;

(8)法律、法规规定的其他条件。

第八条 生产劳动防护用品的企业应当按其产品所依据的国家标准或者行业标准进行生

产和自检,出具产品合格证,并对产品的安全防护性能负责。

第九条　新研制和开发的劳动防护用品,应当对其安全防护性能进行严格的科学试验,并经具有安全生产检测检验资质的机构(以下简称检测检验机构)检测检验合格后,方可生产、使用。

第十条　生产劳动防护用品的企业生产的特种劳动防护用品,必须取得特种劳动防护用品安全标志。

第十一条　检测检验机构必须取得国家安全生产监督管理总局认可的安全生产检测检验资质,并在批准的业务范围内开展劳动防护用品检测检验工作。

第十二条　检测检验机构应当严格按照有关标准和规范对劳动防护用品的安全防护性能进行检测检验,并对所出具的检测检验报告负责。

第十三条　经营劳动防护用品的单位应有工商行政管理部门核发的营业执照、有满足需要的固定场所和了解相关防护用品知识的人员。经营劳动防护用品的单位不得经营假冒伪劣劳动防护用品和无安全标志的特种劳动防护用品。

(三)劳动防护用品的配备与使用

第十四条　生产经营单位应当按照《劳动防护用品选用规则》(GB 11651)和国家颁发的劳动防护用品配备标准以及有关规定,为从业人员配备劳动防护用品。

第十五条　生产经营单位应当安排用于配备劳动防护用品的专项经费。

生产经营单位不得以货币或者其他物品替代应当按规定配备的劳动防护用品。

第十六条　生产经营单位为从业人员提供的劳动防护用品,必须符合国家标准或者行业标准,不得超过使用期限。

生产经营单位应当督促、教育从业人员正确佩戴和使用劳动防护用品。

第十七条　生产经营单位应当建立健全劳动防护用品的采购、验收、保管、发放、使用、报废等管理制度。

第十八条　生产经营单位不得采购和使用无安全标志的特种劳动防护用品;购买的特种劳动防护用品须经本单位的安全生产技术部门或者管理人员检查验收。

第十九条　从业人员在作业过程中,必须按照安全生产规章制度和劳动防护用品使用规则,正确佩戴和使用劳动防护用品;未按规定佩戴和使用劳动防护用品的,不得上岗作业。

(四)监督管理

第二十条　安全生产监督管理部门、煤矿安全监察机构依法对劳动防护用品使用情况和特种劳动防护用品安全标志进行监督检查,督促生产经营单位按照国家有关规定为从业人员配备符合国家标准或者行业标准的劳动防护用品。

第二十一条　安全生产监督管理部门、煤矿安全监察机构对有下列行为之一的生产经营单位,应当依法查处:

(1)不配发劳动防护用品的;

(2)不按有关规定或者标准配发劳动防护用品的;

(3)配发无安全标志的特种劳动防护用品的;

(4)配发不合格的劳动防护用品的;

(5)配发超过使用期限的劳动防护用品的;

(6)劳动防护用品管理混乱,由此对从业人员造成事故伤害及职业危害的;

（7）生产或者经营假冒伪劣劳动防护用品和无安全标志的特种劳动防护用品的；

（8）其他违反劳动防护用品管理有关法律、法规、规章、标准的行为。

第二十二条　特种劳动防护用品安全标志管理机构及其工作人员应当坚持公开、公平、公正的原则，严格审查、核发安全标志，并应接受安全生产监督管理部门、煤矿安全监察机构的监督。

第二十三条　生产经营单位的从业人员有权依法向本单位提出配备所需劳动防护用品的要求；有权对本单位劳动防护用品管理的违法行为提出批评、检举、控告。

安全生产监督管理部门、煤矿安全监察机构对从业人员提出的批评、检举、控告，经查实后应当依法处理。

第二十四条　生产经营单位应当接受工会的监督。工会对生产经营单位劳动防护用品管理的违法行为有权要求纠正，并对纠正情况进行监督。

（五）罚则

第二十五条　生产经营单位未按国家有关规定为从业人员提供符合国家标准或者行业标准的劳动防护用品，有本规定第二十一条第（1）（2）（3）（4）（5）（6）项行为的，安全生产监督管理部门或者煤矿安全监察机构责令限期改正；逾期未改正的，责令停产停业整顿，可以并处5万元以下的罚款；造成严重后果，构成犯罪的，依法追究刑事责任。

第二十六条　生产或者经营劳动防护用品的企业或者单位有本规定第二十一条第（7）（8）项行为的，安全生产监督管理部门或者煤矿安全监察机构责令停止违法行为，可以并处3万元以下的罚款。

第二十七条　检测检验机构出具虚假证明，构成犯罪的，依照刑法有关规定追究刑事责任；尚不够刑事处罚的，由安全生产监督管理部门没收违法所得，违法所得在5千元以上的，并处违法所得2倍以上5倍以下罚款，没有违法所得或者违法所得不足5千元的，单处或者并处5千元以上2万元以下的罚款，对其直接负责的主管人员和直接责任人员处5千元以上5万元以下的罚款；给他人造成损害的，与生产经营单位承担连带赔偿责任。

对有前款违法行为的检测检验机构，由国家安全生产监督管理总局撤销其检测检验资质。

第二十八条　特种劳动防护用品安全标志管理机构的工作人员滥用职权、玩忽职守、弄虚作假、徇私舞弊的，依照有关规定给予行政处分；构成犯罪的，依法追究刑事责任。

（六）附则

第二十九条　进口的一般劳动防护用品的安全防护性能不得低于我国相关标准，并向国家安全生产监督管理总局指定的特种劳动防护用品安全标志管理机构申请办理准用手续；进口的特种劳动防护用品应当按照本规定取得安全标志。

第三十条　各省、自治区、直辖市安全生产监督管理部门可以根据本规定，制定劳动防护用品监督管理实施细则，并报国家安全生产监督管理总局备案。

第三十一条　本规定自2005年9月1日起施行。

八、《生产安全事故报告和调查处理条例》及相关要求介绍

《生产安全事故报告和调查处理条例》已经2007年3月28日国务院第172次常务会议通过，自2007年6月1日起施行。本条例共六章，四十六条，对安全事故的分级、事故的报告、事故调查以及事故的处理做出了明确的规定。

（一）总则

第一条 为了规范生产安全事故的报告和调查处理,落实生产安全事故责任追究制度,防止和减少生产安全事故,根据《中华人民共和国安全生产法》和有关法律,制定本条例。

第二条 生产经营活动中发生的造成人身伤亡或者直接经济损失的生产安全事故的报告和调查处理,适用本条例;环境污染事故、核设施事故、国防科研生产事故的报告和调查处理不适用本条例。

第三条 根据生产安全事故(以下简称事故)造成的人员伤亡或者直接经济损失,事故一般分为以下等级:

(1)特别重大事故,是指造成30人以上死亡,或者100人以上重伤(包括急性工业中毒,下同),或者1亿元以上直接经济损失的事故;

(2)重大事故,是指造成10人以上30人以下死亡,或者50人以上100人以下重伤,或者5 000万元以上1亿元以下直接经济损失的事故;

(3)较大事故,是指造成3人以上10人以下死亡,或者10人以上50人以下重伤,或者1 000万元以上5 000万元以下直接经济损失的事故;

(4)一般事故,是指造成3人以下死亡,或者10人以下重伤,或者1 000万元以下直接经济损失的事故。

国务院安全生产监督管理部门可以会同国务院有关部门,制定事故等级划分的补充性规定。

本条第一款所称的"以上"包括本数,所称的"以下"不包括本数。

第四条 事故报告应当及时、准确、完整,任何单位和个人对事故不得迟报、漏报、谎报或者瞒报。

事故调查处理应当坚持实事求是、尊重科学的原则,及时、准确地查清事故经过、事故原因和事故损失,查明事故性质,认定事故责任,总结事故教训,提出整改措施,并对事故责任者依法追究责任。

第五条 县级以上人民政府应当依照本条例的规定,严格履行职责,及时、准确地完成事故调查处理工作。

事故发生地有关地方人民政府应当支持、配合上级人民政府或者有关部门的事故调查处理工作,并提供必要的便利条件。

参加事故调查处理的部门和单位应当互相配合,提高事故调查处理工作的效率。

第六条 工会依法参加事故调查处理,有权向有关部门提出处理意见。

第七条 任何单位和个人不得阻挠和干涉对事故的报告和依法调查处理。

第八条 对事故报告和调查处理中的违法行为,任何单位和个人有权向安全生产监督管理部门、监察机关或者其他有关部门举报,接到举报的部门应当依法及时处理。

(二)事故报告

第九条 事故发生后,事故现场有关人员应当立即向本单位负责人报告;单位负责人接到报告后,应当于1小时内向事故发生地县级以上人民政府安全生产监督管理部门和负有安全生产监督管理职责的有关部门报告。

情况紧急时,事故现场有关人员可以直接向事故发生地县级以上人民政府安全生产监督管理部门和负有安全生产监督管理职责的有关部门报告。

第十条 安全生产监督管理部门和负有安全生产监督管理职责的有关部门接到事故报告

后,应当依照下列规定上报事故情况,并通知公安机关、劳动保障行政部门、工会和人民检察院:

(1)特别重大事故、重大事故逐级上报至国务院安全生产监督管理部门和负有安全生产监督管理职责的有关部门;

(2)较大事故逐级上报至省、自治区、直辖市人民政府安全生产监督管理部门和负有安全生产监督管理职责的有关部门;

(3)一般事故上报至设区的市级人民政府安全生产监督管理部门和负有安全生产监督管理职责的有关部门。

安全生产监督管理部门和负有安全生产监督管理职责的有关部门依照前款规定上报事故情况,应当同时报告本级人民政府。国务院安全生产监督管理部门和负有安全生产监督管理职责的有关部门以及省级人民政府接到发生特别重大事故、重大事故的报告后,应当立即报告国务院。

必要时,安全生产监督管理部门和负有安全生产监督管理职责的有关部门可以越级上报事故情况。

第十一条　安全生产监督管理部门和负有安全生产监督管理职责的有关部门逐级上报事故情况,每级上报的时间不得超过2小时。

第十二条　报告事故应当包括下列内容:

(1)事故发生单位概况;

(2)事故发生的时间、地点以及事故现场情况;

(3)事故的简要经过;

(4)事故已经造成或者可能造成的伤亡人数(包括下落不明的人数)和初步估计的直接经济损失;

(5)已经采取的措施;

(6)其他应当报告的情况。

第十三条　事故报告后出现新情况的,应当及时补报。

自事故发生之日起30日内,事故造成的伤亡人数发生变化的,应当及时补报。道路交通事故、火灾事故自发生之日起7日内,事故造成的伤亡人数发生变化的,应当及时补报。

第十四条　事故发生单位负责人接到事故报告后,应当立即启动事故相应应急预案,或者采取有效措施,组织抢救,防止事故扩大,减少人员伤亡和财产损失。

第十五条　事故发生地有关地方人民政府、安全生产监督管理部门和负有安全生产监督管理职责的有关部门接到事故报告后,其负责人应当立即赶赴事故现场,组织事故救援。

第十六条　事故发生后,有关单位和人员应当妥善保护事故现场以及相关证据,任何单位和个人不得破坏事故现场、毁灭相关证据。

因抢救人员、防止事故扩大以及疏通交通等原因,需要移动事故现场物件的,应当做出标志,绘制现场简图并做出书面记录,妥善保存现场重要痕迹、物证。

第十七条　事故发生地公安机关根据事故的情况,对涉嫌犯罪的,应当依法立案侦查,采取强制措施和侦查措施。犯罪嫌疑人逃匿的,公安机关应当迅速追捕归案。

第十八条　安全生产监督管理部门和负有安全生产监督管理职责的有关部门应当建立值班制度,并向社会公布值班电话,受理事故报告和举报。

（三）事故调查

第十九条　特别重大事故由国务院或者国务院授权有关部门组织事故调查组进行调查。

重大事故、较大事故、一般事故分别由事故发生地省级人民政府、设区的市级人民政府、县级人民政府负责调查。省级人民政府、设区的市级人民政府、县级人民政府可以直接组织事故调查组进行调查，也可以授权或者委托有关部门组织事故调查组进行调查。

未造成人员伤亡的一般事故，县级人民政府也可以委托事故发生单位组织事故调查组进行调查。

第二十条　上级人民政府认为必要时，可以调查由下级人民政府负责调查的事故。

自事故发生之日起30日内（道路交通事故、火灾事故自发生之日起7日内），因事故伤亡人数变化导致事故等级发生变化，依照本条例规定应当由上级人民政府负责调查的，上级人民政府可以另行组织事故调查组进行调查。

第二十一条　特别重大事故以下等级事故，事故发生地与事故发生单位不在同一个县级以上行政区域的，由事故发生地人民政府负责调查，事故发生单位所在地人民政府应当派人参加。

第二十二条　事故调查组的组成应当遵循精简、效能的原则。

根据事故的具体情况，事故调查组由有关人民政府、安全生产监督管理部门、负有安全生产监督管理职责的有关部门、监察机关、公安机关以及工会派人组成，并应当邀请人民检察院派人参加。

事故调查组可以聘请有关专家参与调查。

第二十三条　事故调查组成员应当具有事故调查所需要的知识和专长，并与所调查的事故没有直接利害关系。

第二十四条　事故调查组组长由负责事故调查的人民政府指定。事故调查组组长主持事故调查组的工作。

第二十五条　事故调查组履行下列职责：

(1)查明事故发生的经过、原因、人员伤亡情况及直接经济损失；

(2)认定事故的性质和事故责任；

(3)提出对事故责任者的处理建议；

(4)总结事故教训，提出防范和整改措施；

(5)提交事故调查报告。

第二十六条　事故调查组有权向有关单位和个人了解与事故有关的情况，并要求其提供相关文件、资料，有关单位和个人不得拒绝。

事故发生单位的负责人和有关人员在事故调查期间不得擅离职守，并应当随时接受事故调查组的询问，如实提供有关情况。

事故调查中发现涉嫌犯罪的，事故调查组应当及时将有关材料或者其复印件移交司法机关处理。

第二十七条　事故调查中需要进行技术鉴定的，事故调查组应当委托具有国家规定资质的单位进行技术鉴定。必要时，事故调查组可以直接组织专家进行技术鉴定。技术鉴定所需时间不计入事故调查期限。

第二十八条　事故调查组成员在事故调查工作中应当诚信公正、恪尽职守，遵守事故调查组的纪律,保守事故调查的秘密。

未经事故调查组组长允许,事故调查组成员不得擅自发布有关事故的信息。

第二十九条　事故调查组应当自事故发生之日起 60 日内提交事故调查报告;特殊情况下,经负责事故调查的人民政府批准,提交事故调查报告的期限可以适当延长,但延长的期限最长不超过 60 日。

第三十条　事故调查报告应当包括下列内容:

(1)事故发生单位概况;

(2)事故发生经过和事故救援情况;

(3)事故造成的人员伤亡和直接经济损失;

(4)事故发生的原因和事故性质;

(5)事故责任的认定以及对事故责任者的处理建议;

(6)事故防范和整改措施。

事故调查报告应当附具有关证据材料。事故调查组成员应当在事故调查报告上签名。

第三十一条　事故调查报告报送负责事故调查的人民政府后,事故调查工作即告结束。事故调查的有关资料应当归档保存。

(四)事故处理

第三十二条　重大事故、较大事故、一般事故,负责事故调查的人民政府应当自收到事故调查报告之日起 15 日内做出批复;特别重大事故,30 日内做出批复,特殊情况下,批复时间可以适当延长,但延长的时间最长不超过 30 日。

有关机关应当按照人民政府的批复,依照法律、行政法规规定的权限和程序,对事故发生单位和有关人员进行行政处罚,对负有事故责任的国家工作人员进行处分。

事故发生单位应当按照负责事故调查的人民政府的批复,对本单位负有事故责任的人员进行处理。

负有事故责任的人员涉嫌犯罪的,依法追究刑事责任。

第三十三条　事故发生单位应当认真吸取事故教训,落实防范和整改措施,防止事故再次发生。防范和整改措施的落实情况应当接受工会和职工的监督。

安全生产监督管理部门和负有安全生产监督管理职责的有关部门应当对事故发生单位落实防范和整改措施的情况进行监督检查。

第三十四条　事故处理的情况由负责事故调查的人民政府或者其授权的有关部门、机构向社会公布,依法应当保密的除外。

(五)法律责任

第三十五条　事故发生单位主要负责人有下列行为之一的,处上一年年收入 40％至 80％的罚款;属于国家工作人员的,并依法给予处分;构成犯罪的,依法追究刑事责任:

(1)不立即组织事故抢救的;

(2)迟报或者漏报事故的;

(3)在事故调查处理期间擅离职守的。

第三十六条　事故发生单位及其有关人员有下列行为之一的,对事故发生单位处 100 万元以上 500 万元以下的罚款;对主要负责人、直接负责的主管人员和其他直接责任人员处上一年年收入 60％至 100％的罚款;属于国家工作人员的,并依法给予处分;构成违反治安管理行

为的,由公安机关依法给予治安管理处罚;构成犯罪的,依法追究刑事责任:

(1)谎报或者瞒报事故的;

(2)伪造或者故意破坏事故现场的;

(3)转移、隐匿资金、财产,或者销毁有关证据、资料的;

(4)拒绝接受调查或者拒绝提供有关情况和资料的;

(5)在事故调查中作伪证或者指使他人作伪证的;

(6)事故发生后逃匿的。

第三十七条 事故发生单位对事故发生负有责任的,依照下列规定处以罚款:

(1)发生一般事故的,处 10 万元以上 20 万元以下的罚款;

(2)发生较大事故的,处 20 万元以上 50 万元以下的罚款;

(3)发生重大事故的,处 50 万元以上 200 万元以下的罚款;

(4)发生特别重大事故的,处 200 万元以上 500 万元以下的罚款。

第三十八条 事故发生单位主要负责人未依法履行安全生产管理职责,导致事故发生的,依照下列规定处以罚款;属于国家工作人员的,并依法给予处分;构成犯罪的,依法追究刑事责任:

(1)发生一般事故的,处上一年年收入 30% 的罚款;

(2)发生较大事故的,处上一年年收入 40% 的罚款;

(3)发生重大事故的,处上一年年收入 60% 的罚款;

(4)发生特别重大事故的,处上一年年收入 80% 的罚款。

第三十九条 有关地方人民政府、安全生产监督管理部门和负有安全生产监督管理职责的有关部门有下列行为之一的,对直接负责的主管人员和其他直接责任人员依法给予处分;构成犯罪的,依法追究刑事责任:

(1)不立即组织事故抢救的;

(2)迟报、漏报、谎报或者瞒报事故的;

(3)阻碍、干涉事故调查工作的;

(4)在事故调查中作伪证或者指使他人作伪证的。

第四十条 事故发生单位对事故发生负有责任的,由有关部门依法暂扣或者吊销其有关证照;对事故发生单位负有事故责任的有关人员,依法暂停或者撤销其与安全生产有关的执业资格、岗位证书;事故发生单位主要负责人受到刑事处罚或者撤职处分的,自刑罚执行完毕或者受处分之日起,5 年内不得担任任何生产经营单位的主要负责人。

为发生事故的单位提供虚假证明的中介机构,由有关部门依法暂扣或者吊销其有关证照及其相关人员的执业资格;构成犯罪的,依法追究刑事责任。

第四十一条 参与事故调查的人员在事故调查中有下列行为之一的,依法给予处分;构成犯罪的,依法追究刑事责任:

(1)对事故调查工作不负责任,致使事故调查工作有重大疏漏的;

(2)包庇、袒护负有事故责任的人员或者借机打击报复的。

第四十二条 违反本条例规定,有关地方人民政府或者有关部门故意拖延或者拒绝落实经批复的对事故责任人的处理意见的,由监察机关对有关责任人员依法给予处分。

第四十三条 本条例规定的罚款的行政处罚,由安全生产监督管理部门决定。

法律、行政法规对行政处罚的种类、幅度和决定机关另有规定的,依照其规定。

(六)附则

第四十四条　没有造成人员伤亡,但是社会影响恶劣的事故,国务院或者有关地方人民政府认为需要调查处理的,依照本条例的有关规定执行。

国家机关、事业单位、人民团体发生的事故的报告和调查处理,参照本条例的规定执行。

第四十五条　特别重大事故以下等级事故的报告和调查处理,有关法律、行政法规或者国务院另有规定的,依照其规定。

第四十六条　本条例自 2007 年 6 月 1 日起施行。国务院 1989 年 3 月 29 日公布的《特别重大事故调查程序暂行规定》和 1991 年 2 月 22 日公布的《企业职工伤亡事故报告和处理规定》同时废止。

九、《生产安全事故应急预案管理办法》及相关要求介绍

《生产安全事故应急预案管理办法》已经 2009 年 3 月 20 日国家安全生产监督管理总局局长办公会议审议通过,自 2009 年 5 月 1 日起施行。2016 年 4 月 15 日国家安全生产监督管理总局第 13 次局长办公会议审议通过修定稿,自 2016 年 7 月 1 日起施行。2019 年 6 月 24 日应急管理部第 20 次部务会议审议通过《应急管理部关于修改〈生产安全事故应急预案管理办法〉的决定》,自 2019 年 9 月 1 日起施行。本办法共七章四十九条。

(一)总则

第一条　为规范生产安全事故应急预案管理工作,迅速有效处置生产安全事故,依据《中华人民共和国突发事件应对法》《中华人民共和国安全生产法》《生产安全事故应急条例》等法律、行政法规和《突发事件应急预案管理办法》(国办发〔2013〕101 号),制定本办法。

第二条　生产安全事故应急预案(以下简称应急预案)的编制、评审、公布、备案、实施及监督管理工作,适用本办法。

第三条　应急预案的管理实行属地为主、分级负责、分类指导、综合协调、动态管理的原则。

第四条　应急管理部负责全国应急预案的综合协调管理工作。国务院其他负有安全生产监督管理职责的部门在各自职责范围内,负责相关行业、领域应急预案的管理工作。

县级以上地方各级人民政府应急管理部门负责本行政区域内应急预案的综合协调管理工作。县级以上地方各级人民政府其他负有安全生产监督管理职责的部门按照各自的职责负责有关行业、领域应急预案的管理工作。

第五条　生产经营单位主要负责人负责组织编制和实施本单位的应急预案,并对应急预案的真实性和实用性负责;各分管负责人应当按照职责分工落实应急预案规定的职责。

第六条　生产经营单位应急预案分为综合应急预案、专项应急预案和现场处置方案。

综合应急预案,是指生产经营单位为应对各种生产安全事故而制定的综合性工作方案,是本单位应对生产安全事故的总体工作程序、措施和应急预案体系的总纲。

专项应急预案,是指生产经营单位为应对某一种或者多种类型生产安全事故,或者针对重要生产设施、重大危险源、重大活动防止生产安全事故而制定的专项性工作方案。

现场处置方案,是指生产经营单位根据不同生产安全事故类型,针对具体场所、装置或者设施所制定的应急处置措施。

(二)应急预案的编制

第七条　应急预案的编制应当遵循以人为本、依法依规、符合实际、注重实效的原则，以应急处置为核心，明确应急职责、规范应急程序、细化保障措施。

第八条　应急预案的编制应当符合下列基本要求：

（1）有关法律、法规、规章和标准的规定；

（2）本地区、本部门、本单位的安全生产实际情况；

（3）本地区、本部门、本单位的危险性分析情况；

（4）应急组织和人员的职责分工明确，并有具体的落实措施；

（5）有明确、具体的应急程序和处置措施，并与其应急能力相适应；

（6）有明确的应急保障措施，满足本地区、本部门、本单位的应急工作需要；

（7）应急预案基本要素齐全、完整，应急预案附件提供的信息准确；

（8）应急预案内容与相关应急预案相互衔接。

第九条　编制应急预案应当成立编制工作小组，由本单位有关负责人任组长，吸收与应急预案有关的职能部门和单位的人员，以及有现场处置经验的人员参加。

第十条　编制应急预案前，编制单位应当进行事故风险辨识、评估和应急资源调查。

事故风险辨识、评估，是指针对不同事故种类及特点，识别存在的危险危害因素，分析事故可能产生的直接后果以及次生、衍生后果，评估各种后果的危害程度和影响范围，提出防范和控制事故风险措施的过程。

应急资源调查，是指全面调查本地区、本单位第一时间可以调用的应急资源状况和合作区域内可以请求援助的应急资源状况，并结合事故风险辨识评估结论制定应急措施的过程。

第十一条　地方各级人民政府应急管理部门和其他负有安全生产监督管理职责的部门应当根据法律、法规、规章和同级人民政府以及上一级人民政府应急管理部门和其他负有安全生产监督管理职责的部门的应急预案，结合工作实际，组织编制相应的部门应急预案。

部门应急预案应当根据本地区、本部门的实际情况，明确信息报告、响应分级、指挥权移交、警戒疏散等内容。

第十二条　生产经营单位应当根据有关法律、法规、规章和相关标准，结合本单位组织管理体系、生产规模和可能发生的事故特点，与相关预案保持衔接，确立本单位的应急预案体系，编制相应的应急预案，并体现自救互救和先期处置等特点。

第十三条　生产经营单位风险种类多、可能发生多种类型事故的，应当组织编制综合应急预案。

综合应急预案应当规定应急组织机构及其职责、应急预案体系、事故风险描述、预警及信息报告、应急响应、保障措施、应急预案管理等内容。

第十四条　对于某一种或者多种类型的事故风险，生产经营单位可以编制相应的专项应急预案，或将专项应急预案并入综合应急预案。

专项应急预案应当规定应急指挥机构与职责、处置程序和措施等内容。

第十五条　对于危险性较大的场所、装置或者设施，生产经营单位应当编制现场处置方案。

现场处置方案应当规定应急工作职责、应急处置措施和注意事项等内容。

事故风险单一、危险性小的生产经营单位，可以只编制现场处置方案。

第十六条　生产经营单位应急预案应当包括向上级应急管理机构报告的内容、应急组织机构和人员的联系方式、应急物资储备清单等附件信息。附件信息发生变化时，应当及时更新,确保准确有效。

第十七条 生产经营单位组织应急预案编制过程中,应当根据法律、法规、规章的规定或者实际需要,征求相关应急救援队伍、公民、法人或者其他组织的意见。

第十八条 生产经营单位编制的各类应急预案之间应当相互衔接,并与相关人民政府及其部门、应急救援队伍和涉及的其他单位的应急预案相衔接。

第十九条 生产经营单位应当在编制应急预案的基础上,针对工作场所、岗位的特点,编制简明、实用、有效的应急处置卡。

应急处置卡应当规定重点岗位、人员的应急处置程序和措施,以及相关联络人员和联系方式,便于从业人员携带。

(三)应急预案的评审、公布和备案

第二十条 地方各级人民政府应急管理部门应当组织有关专家对本部门编制的部门应急预案进行审定;必要时,可以召开听证会,听取社会有关方面的意见。

第二十一条 矿山、金属冶炼企业和易燃易爆物品、危险化学品的生产、经营(带储存设施的,下同)、储存、运输企业,以及使用危险化学品达到国家规定数量的化工企业、烟花爆竹生产、批发经营企业和中型规模以上的其他生产经营单位,应当对本单位编制的应急预案进行评审,并形成书面评审纪要。

前款规定以外的其他生产经营单位可以根据自身需要,对本单位编制的应急预案进行论证。

第二十二条 参加应急预案评审的人员应当包括有关安全生产及应急管理方面的专家。

评审人员与所评审应急预案的生产经营单位有利害关系的,应当回避。

第二十三条 应急预案的评审或者论证应当注重基本要素的完整性、组织体系的合理性、应急处置程序和措施的针对性、应急保障措施的可行性、应急预案的衔接性等内容。

第二十四条 生产经营单位的应急预案经评审或者论证后,由本单位主要负责人签署,向本单位从业人员公布,并及时发放到本单位有关部门、岗位和相关应急救援队伍。

事故风险可能影响周边其他单位、人员的,生产经营单位应当将有关事故风险的性质、影响范围和应急防范措施告知周边的其他单位和人员。

第二十五条 地方各级人民政府应急管理部门的应急预案,应当报同级人民政府备案,同时抄送上一级人民政府应急管理部门,并依法向社会公布。

地方各级人民政府其他负有安全生产监督管理职责的部门的应急预案,应当抄送同级人民政府应急管理部门。

第二十六条 易燃易爆物品、危险化学品等危险物品的生产、经营、储存、运输单位,矿山、金属冶炼、城市轨道交通运营、建筑施工单位,以及宾馆、商场、娱乐场所、旅游景区等人员密集场所经营单位,应当在应急预案公布之日起 20 个工作日内,按照分级属地原则,向县级以上人民政府应急管理部门和其他负有安全生产监督管理职责的部门进行备案,并依法向社会公布。

前款所列单位属于中央企业的,其总部(上市公司)的应急预案,报国务院主管的负有安全生产监督管理职责的部门备案,并抄送应急管理部;其所属单位的应急预案报所在地的省、自治区、直辖市或者设区的市级人民政府主管的负有安全生产监督管理职责的部门备案,并抄送同级人民政府应急管理部门。

本条第一款所列单位不属于中央企业的,其中非煤矿山、金属冶炼和危险化学品生产、经营、储存、运输企业,以及使用危险化学品达到国家规定数量的化工企业、烟花爆竹生产、批发经营企业的应急预案,按照隶属关系报所在地县级以上地方人民政府应急管理部门备案;本款前述单位以外的其他生产经营单位应急预案的备案,由省、自治区、直辖市人民政府负有安全生产监督管理职责的部门确定。

油气输送管道运营单位的应急预案,除按照本条第一款、第二款的规定备案外,还应当抄送所经行政区域的县级人民政府应急管理部门。

海洋石油开采企业的应急预案,除按照本条第一款、第二款的规定备案外,还应当抄送所经行政区域的县级人民政府应急管理部门和海洋石油安全监管机构。

煤矿企业的应急预案除按照本条第一款、第二款的规定备案外,还应当抄送所在地的煤矿安全监察机构。

第二十七条 生产经营单位申报应急预案备案,应当提交下列材料:

(1)应急预案备案申报表;

(2)本办法第二十一条所列单位,应当提供应急预案评审意见;

(3)应急预案电子文档;

(4)风险评估结果和应急资源调查清单。

第二十八条 受理备案登记的负有安全生产监督管理职责的部门应当在5个工作日内对应急预案材料进行核对,材料齐全的,应当予以备案并出具应急预案备案登记表;材料不齐全的,不予备案并一次性告知需要补齐的材料。逾期不予备案又不说明理由的,视为已经备案。

对于实行安全生产许可的生产经营单位,已经进行应急预案备案的,在申请安全生产许可证时,可以不提供相应的应急预案,仅提供应急预案备案登记表。

第二十九条 各级人民政府负有安全生产监督管理职责的部门应当建立应急预案备案登记建档制度,指导、督促生产经营单位做好应急预案的备案登记工作。

(四)应急预案的实施

第三十条 各级人民政府应急管理部门、各类生产经营单位应当采取多种形式开展应急预案的宣传教育,普及生产安全事故避险、自救和互救知识,提高从业人员和社会公众的安全意识与应急处置技能。

第三十一条 各级人民政府应急管理部门应当将本部门应急预案的培训纳入安全生产培训工作计划,并组织实施本行政区域内重点生产经营单位的应急预案培训工作。

生产经营单位应当组织开展本单位的应急预案、应急知识、自救互救和避险逃生技能的培训活动,使有关人员了解应急预案内容,熟悉应急职责、应急处置程序和措施。

应急培训的时间、地点、内容、师资、参加人员和考核结果等情况应当如实记入本单位的安全生产教育和培训档案。

第三十二条 各级人民政府应急管理部门应当至少每两年组织一次应急预案演练,提高本部门、本地区生产安全事故应急处置能力。

第三十三条 生产经营单位应当制定本单位的应急预案演练计划,根据本单位的事故风险特点,每年至少组织一次综合应急预案演练或者专项应急预案演练,每半年至少组织一次现场处置方案演练。

易燃易爆物品、危险化学品等危险物品的生产、经营、储存、运输单位,矿山、金属冶炼、城市轨道交通运营、建筑施工单位,以及宾馆、商场、娱乐场所、旅游景区等人员密集场所经营单位,应当至少每半年组织一次生产安全事故应急预案演练,并将演练情况报送所在地县级以上地方人民政府负有安全生产监督管理职责的部门。

县级以上地方人民政府负有安全生产监督管理职责的部门应当对本行政区域内前款规定的重点生产经营单位的生产安全事故应急救援预案演练进行抽查;发现演练不符合要求的,应当责令限期改正。

第三十四条　应急预案演练结束后,应急预案演练组织单位应当对应急预案演练效果进行评估,撰写应急预案演练评估报告,分析存在的问题,并对应急预案提出修订意见。

第三十五条　应急预案编制单位应当建立应急预案定期评估制度,对预案内容的针对性和实用性进行分析,并对应急预案是否需要修订作出结论。

矿山、金属冶炼、建筑施工企业和易燃易爆物品、危险化学品等危险物品的生产、经营、储存、运输企业、使用危险化学品达到国家规定数量的化工企业、烟花爆竹生产、批发经营企业和中型规模以上的其他生产经营单位,应当每三年进行一次应急预案评估。

应急预案评估可以邀请相关专业机构或者有关专家、有实际应急救援工作经验的人员参加,必要时可以委托安全生产技术服务机构实施。

第三十六条　有下列情形之一的,应急预案应当及时修订并归档:

(1)依据的法律、法规、规章、标准及上位预案中的有关规定发生重大变化的;

(2)应急指挥机构及其职责发生调整的;

(3)安全生产面临的风险发生重大变化的;

(4)重要应急资源发生重大变化的;

(5)在应急演练和事故应急救援中发现需要修订预案的重大问题的;

(6)编制单位认为应当修订的其他情况。

第三十七条　应急预案修订涉及组织指挥体系与职责、应急处置程序、主要处置措施、应急响应分级等内容变更的,修订工作应当参照本办法规定的应急预案编制程序进行,并按照有关应急预案报备程序重新备案。

第三十八条　生产经营单位应当按照应急预案的规定,落实应急指挥体系、应急救援队伍、应急物资及装备,建立应急物资、装备配备及其使用档案,并对应急物资、装备进行定期检测和维护,使其处于适用状态。

第三十九条　生产经营单位发生事故时,应当第一时间启动应急响应,组织有关力量进行救援,并按照规定将事故信息及应急响应启动情况报告事故发生地县级以上人民政府应急管理部门和其他负有安全生产监督管理职责的部门。

第四十条　生产安全事故应急处置和应急救援结束后,事故发生单位应当对应急预案实施情况进行总结评估。

(五)监督管理

第四十一条　各级人民政府应急管理部门和煤矿安全监察机构应当将生产经营单位应急预案工作纳入年度监督检查计划,明确检查的重点内容和标准,并严格按照计划开展执法检查。

第四十二条　地方各级人民政府应急管理部门应当每年对应急预案的监督管理工作情况进行总结,并报上一级人民政府应急管理部门。

第四十三条　对于在应急预案管理工作中做出显著成绩的单位和人员,各级人民政府应急管理部门、生产经营单位可以给予表彰和奖励。

（六）法律责任

第四十四条　生产经营单位有下列情形之一的，由县级以上人民政府应急管理等部门依照《中华人民共和国安全生产法》第九十四条的规定，责令限期改正，可以处 5 万元以下罚款；逾期未改正的，责令停产停业整顿，并处 5 万元以上 10 万元以下的罚款，对直接负责的主管人员和其他直接责任人员处 1 万元以上 2 万元以下的罚款：

（1）未按照规定编制应急预案的；

（2）未按照规定定期组织应急预案演练的。

第四十五条　生产经营单位有下列情形之一的，由县级以上人民政府应急管理部门责令限期改正，可以处 1 万元以上 3 万元以下的罚款：

（1）在应急预案编制前未按照规定开展风险辨识、评估和应急资源调查的；

（2）未按照规定开展应急预案评审的；

（3）事故风险可能影响周边单位、人员的，未将事故风险的性质、影响范围和应急防范措施告知周边单位和人员的；

（4）未按照规定开展应急预案评估的；

（5）未按照规定进行应急预案修订的；

（6）未落实应急预案规定的应急物资及装备的。

生产经营单位未按照规定进行应急预案备案的，由县级以上人民政府应急管理等部门依照职责责令限期改正；逾期未改正的，处 3 万元以上 5 万元以下的罚款，对直接负责的主管人员和其他直接责任人员处 1 万元以上 2 万元以下的罚款。

（七）附则

第四十六条　《生产经营单位生产安全事故应急预案备案申报表》和《生产经营单位生产安全事故应急预案备案登记表》由应急管理部统一制定。

第四十七条　各省、自治区、直辖市应急管理部门可以依据本办法的规定，结合本地区实际制定实施细则。

第四十八条　对储存、使用易燃易爆物品、危险化学品等危险物品的科研机构、学校、医院等单位的安全事故应急预案的管理，参照本办法的有关规定执行。

第四十九条　本办法自 2016 年 7 月 1 日起施行。

十、生产经营单位生产安全事故应急预案编制导则（GB/T 29639—2013）

（一）范围

本标准规定了生产经营单位编制生产安全事故应急预案（以下简称应急预案）的编制程序、体系构成以及综合应急预案、专项应急预案、现场处置方案和附件的主要内容。

本标准适用于生产经营单位的应急预案编制工作，其他社会组织和单位的应急预案编制可参照本标准执行。

（二）规范性引用文件

下列文件对于本标准的应用是必不可少的。凡是注日期的引用文件，仅注日期的版本适用于本标准。凡是不注日期的引用文件，其最新版本（包括所有的修改单）适用于本文件。

GB/T 20000.4 标准化工作指南　第 4 部分：标准中涉及安全的内容

AQ/T 9007 生产安全事故应急演练指南

（三）术语和定义

下列术语和定义适用于本文件。

(1)应急预案 emergency plan。

为有效预防和控制可能发生的事故,最大程度减少事故及其造成损害而预先制定的工作方案。

(2)应急准备 emergency preparedness。

针对可能发生的事故,为迅速、科学、有序地开展应急行动而预先进行的思想准备、组织准备和物资准备。

(3)应急响应 emergency response。

针对发生的事故,有关组织或人员采取的应急行动。

(4)应急救援 emergency rescue。

在应急响应过程中,为最大限度地降低事故造成的损失或危害,防止事故扩大,而采取的紧急措施或行动。

(5)应急演练 emergency exercise。

针对可能发生的事故情景,依据应急预案而模拟开展的应急活动。

(四)应急预案编制程序

(1)概述。生产经营单位编制应急预案包括成立应急预案编制工作组、资料收集、风险评估、应急能力评估、编制应急预案和应急预案评审 6 个步骤。

(2)成立应急预案编制工作组。生产经营单位应结合本单位部门职能和分工,成立以单位主要负责人(或分管负责人)为组长,单位相关部门人员参加的应急预案编制工作组,明确工作职责和任务分工,制定工作计划,组织开展应急预案编制工作。

(3)资料收集。应急预案编制工作组应收集与预案编制工作相关的法律法规、技术标准、应急预案、国内外同行业企业事故资料,同时收集本单位安全生产相关技术资料、周边环境影响、应急资源等有关资料。

(4)风险评估。主要内容包括:

1)分析生产经营单位存在的危险因素,确定事故危险源;

2)分析可能发生的事故类型及后果,并指出可能产生的次生、衍生事故;

3)评估事故的危害程度和影响范围,提出风险防控措施。

(5)应急能力评估。在全面调查和客观分析生产经营单位应急队伍、装备、物资等应急资源状况基础上开展应急能力评估,并依据评估结果,完善应急保障措施。

(6)编制应急预案。依据生产经营单位风险评估及应急能力评估结果,组织编制应急预案。应急预案编制应注重系统性和可操作性,做到与相关部门和单位应急预案相衔接。应急预案编制格式和要求见附录 A。

(7)应急预案评审。应急预案编制完成后,生产经营单位应组织评审。评审分为内部评审和外部评审,内部评审由生产经营单位主要负责人组织有关部门和人员进行。外部评审由生产经营单位组织外部有关专家和人员进行评审。应急预案评审合格后,由生产经营单位主要负责人(或分管负责人)签发实施,并进行备案管理。

(五)应急预案体系

(1)概述。生产经营单位的应急预案体系主要由综合应急预案、专项应急预案和现场处置方案构成。生产经营单位应根据本单位组织管理体系、生产规模、危险源的性质以及可能发生的事故类型确定应急预案体系,并可根据本单位的实际情况,确定是否编制专项应急预案。风险因素单一的小微型生产经营单位可只编写现场处置方案。

(2)综合应急预案。综合应急预案是生产经营单位应急预案体系的总纲,主要从总体上阐述事故的应急工作原则,包括生产经营单位的应急组织机构及职责、应急预案体系、事故风险描述、预警及信息报告、应急响应、保障措施、应急预案管理等内容。

(3)专项应急预案。专项应急预案是生产经营单位为应对某一类型或某几种类型事故,或者针对重要生产设施、重大危险源、重大活动等内容而制定的应急预案。专项应急预案主要包括事故风险分析、应急指挥机构及职责、处置程序和措施等内容。

(4)现场处置方案。现场处置方案是生产经营单位根据不同事故类别,针对具体的场所、装置或设施所制定的应急处置措施,主要包括事故风险分析、应急工作职责、应急处置和注意事项等内容。生产经营单位应根据风险评估、岗位操作规程以及危险性控制措施,组织本单位现场作业人员及相关专业人员共同进行编制现场处置方案。

(六)综合应急预案主要内容

(1)总则。

1)编制目的。简述应急预案编制的目的。

2)编制依据。简述应急预案编制所依据的法律、法规、规章、标准和规范性文件以及相关应急预案等。

3)适用范围。说明应急预案适用的工作范围和事故类型、级别。

4)应急预案体系。说明生产经营单位应急预案体系的构成情况,可用框图形式表述。

5)应急工作原则。说明生产经营单位应急工作的原则,内容应简明扼要、明确具体。

(2)事故风险描述。简述生产经营单位存在或可能发生的事故风险种类、发生的可能性以及严重程度及影响范围等。

(3)应急组织机构及职责。明确生产经营单位的应急组织形式及组成单位或人员,可用结构图的形式表示,明确构成部门的职责。应急组织机构根据事故类型和应急工作需要,可设置相应的应急工作小组,并明确各小组的工作任务及职责。

(4)预警及信息报告。

1)预警。根据生产经营单位监测监控系统数据变化状况、事故险情紧急程度和发展势态或有关部门提供的预警信息进行预警,明确预警的条件、方式、方法和信息发布的程序。

2)信息报告。按照有关规定,明确事故及事故险情信息报告程序,主要包括:

a.信息接收与通报。明确24小时应急值守电话、事故信息接收、通报程序和责任人。

b.信息上报。明确事故发生后向上级主管部门或单位报告事故信息的流程、内容、时限和责任人。

c.信息传递。明确事故发生后向本单位以外的有关部门或单位通报事故信息的方法、程序和责任人。

(5)应急响应。

1)响应分级。针对事故危害程度、影响范围和生产经营单位控制事态的能力,对事故应急响应进行分级,明确分级响应的基本原则。

2)响应程序。根据事故级别和发展态势,描述应急指挥机构启动、应急资源调配、应急救援、扩大应急等响应程序。

3)处置措施。针对可能发生的事故风险、事故危害程度和影响范围,制定相应的应急处置措施,明确处置原则和具体要求。

4)应急结束。明确现场应急响应结束的基本条件和要求。

(6)信息公开。明确向有关新闻媒体、社会公众通报事故信息的部门、负责人和程序以及通报原则。

(7)后期处置。主要明确污染物处理、生产秩序恢复、医疗救治、人员安置、善后赔偿、应急救援评估等内容。

(8)保障措施。

1)通信与信息保障。明确与可为本单位提供应急保障的相关单位或人员通信联系方式和方法,并提供备用方案。同时,建立信息通信系统及维护方案,确保应急期间信息通畅。

2)应急队伍保障。明确应急响应的人力资源,包括应急专家、专业应急队伍、兼职应急队伍等。

3)物资装备保障。明确生产经营单位的应急物资和装备的类型、数量、性能、存放位置、运输及使用条件、管理责任人及其联系方式等内容。

4)其他保障。根据应急工作需求而确定的其他相关保障措施(如:经费保障、交通运输保障、治安保障、技术保障、医疗保障、后勤保障等)。

(9)应急预案管理。

1)应急预案培训。明确对本单位人员开展的应急预案培训计划、方式和要求,使有关人员了解相关应急预案内容,熟悉应急职责、应急程序和现场处置方案。如果应急预案涉及到社区和居民,要做好宣传教育和告知等工作。

2)应急预案演练。明确生产经营单位不同类型应急预案演练的形式、范围、频次、内容以及演练评估、总结等要求。

3)应急预案修订。明确应急预案修订的基本要求,并定期进行评审,实现可持续改进。

4)应急预案备案。明确应急预案的报备部门,并进行备案。

5)应急预案实施。明确应急预案实施的具体时间、负责制定与解释的部门。

(七)专项应急预案主要内容

(1)事故风险分析。针对可能发生的事故风险,分析事故发生的可能性以及严重程度、影响范围等。

(2)应急指挥机构及职责。根据事故类型,明确应急指挥机构总指挥、副总指挥以及各成员单位或人员的具体职责。应急指挥机构可以设置相应的应急救援工作小组,明确各小组的工作任务及主要负责人职责。

(3)处置程序。明确事故及事故险情信息报告程序和内容,报告方式和责任人等内容。根据事故响应级别,具体描述事故接警报告和记录、应急指挥机构启动、应急指挥、资源调配、应急救援、扩大应急等应急响应程序。

(4)处置措施。针对可能发生的事故风险、事故危害程度和影响范围,制定相应的应急处置措施,明确处置原则和具体要求。

(八)现场处置方案主要内容

(1)事故风险分析。主要包括:

1)事故类型;

2)事故发生的区域、地点或装置的名称；

3)事故发生的可能时间、事故的危害严重程度及其影响范围；

4)事故前可能出现的征兆；

5)事故可能引发的次生、衍生事故。

（2）应急工作职责。根据现场工作岗位、组织形式及人员构成，明确各岗位人员的应急工作分工和职责。

（3）应急处置。主要包括以下内容：

1)事故应急处置程序。根据可能发生的事故及现场情况，明确事故报警、各项应急措施启动、应急救护人员的引导、事故扩大及同生产经营单位应急预案的衔接的程序。

2)现场应急处置措施。针对可能发生的火灾、爆炸、危险化学品泄漏、坍塌、水患、机动车辆伤害等，从人员救护、工艺操作、事故控制，消防、现场恢复等方面制定明确的应急处置措施。

3)明确报警负责人以及报警电话及上级管理部门、相关应急救援单位联络方式和联系人员，事故报告基本要求和内容。

（4）注意事项。主要包括：

1)佩戴个人防护器具方面的注意事项；

2)使用抢险救援器材方面的注意事项；

3)采取救援对策或措施方面的注意事项；

4)现场自救和互救注意事项；

5)现场应急处置能力确认和人员安全防护等事项；

6)应急救援结束后的注意事项；

7)其他需要特别警示的事项。

（九）附件

（1）有关应急部门、机构或人员的联系方式。列出应急工作中需要联系的部门、机构或人员的多种联系方式，当发生变化时及时进行更新。

（2）应急物资装备的名录或清单。列出应急预案涉及的主要物资和装备名称、型号、性能、数量、存放地点、运输和使用条件、管理责任人和联系电话等。

（3）规范化格式文本。应急信息接报、处理、上报等规范化格式文本。

（4）关键的路线、标识和图纸。主要包括：

1)警报系统分布及覆盖范围；

2)重要防护目标、危险源一览表、分布图；

3)应急指挥部位置及救援队伍行动路线；

4)疏散路线、警戒范围、重要地点等的标识；

5)相关平面布置图纸、救援力量的分布图纸等。

（5）有关协议或备忘录。列出与相关应急救援部门签订的应急救援协议或备忘录。

附录　A(资料性附录)应急预案编制格式和要求

A.1　封面

应急预案封面主要包括应急预案编号、应急预案版本号、生产经营单位名称、应急预案名称、编制单位名称、颁布日期等内容。

A.2　批准页

应急预案应经生产经营单位主要负责人(或分管负责人)批准方可发布。

A.3　目次

应急预案应设置目次,目次中所列的内容及次序如下:

——批准页;

——章的编号、标题;

——带有标题的条的编号、标题(需要时列出);

——附件,用序号表明其顺序。

A.4　印刷与装订

应急预案推荐采用 A4 版面印刷,活页装订。

本标准于 2020 年 9 月 29 日发布新版本 GB/T 29639－2020,于 2021 年 4 月 1 日实施。望读者注意收集最新的标准信息。

十一、《社会单位灭火和应急疏散预案编制及实施导则》(GB/T 38315－2019)

《社会单位灭火和应急疏散预案编制及实施导则》由国家市场监督管理总局、国家标准化管理委员会于 2019 年 12 月 10 日发布,2020 年 4 月 1 日实施。本标准规定了机关、团体、企业、事业单位编制灭火和应急疏散预案的编制程序、主要内容、预案的实施、演练考核。本标准适用于机关、团体、企业、事业单位的灭火和应急疏散预案编制、培训及演练等工作。

附　录

附录一　职业健康安全管理体系　要求及使用指南

引　言

0.1　背景

组织应对工作人员和可能受其活动影响的其他人员的职业健康安全负责,包括促进和保护他们的生理和心理健康。

采用职业健康安全管理体系旨在使组织能够提供健康安全的工作场所,防止与工作相关的伤害和健康损害,并持续改进其职业健康安全绩效。

在职业健康安全领域,国家专门制定了一系列职业健康安全相关法律法规(如劳动法、安全生产法、职业病防治法、消防法、道路交通安全法、矿山安全法等)。这些法律法规所确立的职业健康安全制度和要求是组织建立和保持职业健康安全管理体系所必须考虑的制度、政策和技术背景。

0.2　职业健康安全管理体系的目的

职业健康安全管理体系的作用是为管理职业健康安全风险和机遇提供一个框架。职业健康安全管理体系的目的和预期结果是防止对工作人员造成与工作相关的伤害和健康损害,并提供健康安全的工作场所。因此,对组织而言,采取有效的预防和保护措施以消除危险源和最大限度地降低职业健康安全风险至关重要。

组织通过其职业健康安全管理体系应用这些措施时,能够提高其职业健康安全绩效。如果及早采取措施以把握改进职业健康安全绩效的机会,职业健康安全管理体系将会更加有效和高效。

实施符合本标准的职业健康安全管理体系,能使组织管理其职业健康安全风险并提升其职业健康安全绩效。职业健康安全管理体系可有助于组织满足法律法规要求和其他要求。

0.3　成功因素

对组织而言,实施职业健康安全管理体系是一项战略和经营决策。职业健康安全管理体系的成功取决于领导作用、承诺以及组织各层次和职能的参与。

职业健康安全管理体系的实施和保持,其有效性和实现预期结果的能力取决于诸多关键因素。这些关键因素可包括:

a)最高管理者的领导作用、承诺、职责和担当;

b)最高管理者在组织内建立、引导和促进支持实现职业健康安全管理体系预期结果的文化;

c)沟通；

d)工作人员及其代表（若有）的协商和参与；

e)为保持职业健康安全管理体系而所需的资源配置；

f)符合组织总体战略目标和方向的职业健康安全方针；

g)辨识危险源、控制职业健康安全风险和利用职业健康安全机遇的有效过程；

h)为提升职业健康安全绩效而对职业健康安全管理体系绩效的持续监视和评价；

i)将职业健康安全管理体系融入组织的业务过程；

j)符合职业健康安全方针并必须考虑组织的危险源、职业健康安全风险和职业健康安全机遇的职业健康安全目标；

k)符合法律法规要求和其他要求。

成功实施本标准可使工作人员和其他相关方确信组织已建立了有效的职业健康安全管理体系。然而，采用本标准并不能够完全保证防止工作人员受到与工作相关的伤害和健康损害，提供健康安全的工作场所和改进职业健康安全绩效。

为了确保组织职业健康安全管理体系成功，文件化信息的详略水平、复杂性和文件化程度以及所需资源取决于多方面因素，例如：

——组织所处的环境（如工作人员数量、规模、地理位置、文化、法律法规要求和其他要求）；

——组织职业健康安全管理体系的范围；

——组织活动的性质和相关的职业健康安全风险。

0.4 "策划—实施—检查—改进"循环

本标准中所采用的职业健康安全管理体系的方法是基于"策划—实施—检查—改进（PDCA）"的概念。

PDCA概念是一个迭代过程，可被组织用于实现持续改进。它可应用于管理体系及其每个单独的要素，具体如下：

——策划（P：Plan）：确定和评价职业健康安全风险、职业健康安全机遇以及其他风险和其他机遇，制定职业健康安全目标并建立所需的过程，以实现与组织职业健康安全方针相一致的结果。

——实施（D：Do）：实施所策划的过程。

——检查（C：Check）：依据职业健康安全方针和目标，对活动和过程进行监视和测量，并报告结果。

——改进（A：Act）：采取措施持续改进职业健康安全绩效，以实现预期结果。

本标准将PDCA概念融入一个新框架中，如图1所示。

0.5 本标准内容

本标准符合国际标准化组织（ISO）对管理体系标准的要求。这些要求包括一个统一的高层结构和相同的核心正文以及具有核心定义的通用术语，旨在方便本标准的使用者实施多个ISO管理体系标准。

尽管本标准的要素可与其他管理体系兼容或整合，但本标准并不包含针对其他主题（如质量、社会责任、环境、治安保卫或财务管理等）的要求。

本标准包含了组织可用于实施职业健康安全管理体系和开展符合性评价的要求。希望证实符合本标准的组织可通过以下方式来实现：

　　——开展自我评价和声明；

　　——寻求组织的相关方（如顾客）对其符合性进行确认；

　　——寻求组织的外部机构对其自我声明的确认；

　　——寻求外部组织对其职业健康安全管理体系进行认证或注册。

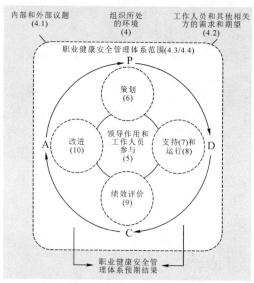

附图 1　PDCA 与本标准框架之间的关系

注：括号内的数字是指本标准的相应章条号。

　　本标准的第 1 章至第 3 章阐述了适用于本标准的范围、规范性引用文件以及术语和定义，第 4 章至第 10 章包含了可用于评价与本标准符合性的要求。附录 A 提供了这些要求的解释性信息。附录 NA（资料性附录，请读者自行查找）给出了本标准与 GB/T 28001—2011 之间的对应情况。第 3 章中的术语和定义按照概念的顺序进行编排。本标准索引（一）给出了按英文字母顺序排列的术语索引，索引（二）给出了按汉语拼音顺序排列的术语索引。

　　本标准使用以下助动词：

　　——"应"（shall）表示要求；

　　——"宜"（should）表示建议；

　　——"可以"（may）表示允许；

　　——"可、可能、能够"（can）表示可能性或能力。

　　标记"注"的信息是理解或澄清相关要求的指南。第 3 章中的"注"提供了增补术语资料的补充信息，可能包括使用术语的相关规定。

职业健康安全管理体系要求及使用指南

1　范围

本标准规定了职业健康安全（OH&S）管理体系的要求，并给出了其使用指南，以使组织能够通过防止与工作相关的伤害和健康损害以及主动改进其职业健康安全绩效来提供安全和健康的工作场所。

本标准适用于任何具有以下愿望的组织：通过建立、实施和保持职业健康安全管理体系，以改进健康安全、消除危险源并尽可能降低职业健康安全风险（包括体系缺陷）、利用职业健康安全机遇，以及应对与其活动相关的职业健康安全管理体系不符合。

本标准有助于组织实现其职业健康安全管理体系的预期结果。依照组织的职业健康安全方针，其职业健康安全管理体系的预期结果包括：

a) 持续改进职业健康安全绩效；

b) 满足法律法规要求和其他要求；

c) 实现职业健康安全目标。

本标准适用于任何规模、类型和活动的组织。它适用于组织控制下的职业健康安全风险，这些风险必须考虑到诸如组织运行所处环境、组织工作人员和其他相关方的需求和期望等因素。

本标准既不规定具体的职业健康安全绩效准则，也不提供职业健康安全管理体系的设计规范。

本标准使组织能够借助其职业健康安全管理体系整合健康和安全的其他方面，如工作人员的福利和（或）幸福等。

本标准不涉及对工作人员和其他有关相关方的风险以外的议题，如产品安全、财产损失或环境影响等。

本标准能够全部或部分地用于系统改进职业健康安全管理。然而，只有当本标准的所有要求均被包含在了组织的职业健康安全管理体系中并全部得到满足，有关符合本标准的声明才能被认可。

2　规范性引用文件

本标准无规范性引用文件。

3　术语和定义

下列术语和定义适用于本标准。

3.1　组织 organization

为实现目标（3.16），由职责、权限和相互关系构成自身功能的一个人或一组人。

注1：组织包括但不限于个体经营者、公司、集团、商行、企事业单位、行政管理机构、合伙制企业、慈善机构或社会机构，或者上述组织的某部分或其组合，无论是否为法人组织、公有或私有。

注2：该术语和定义是《"ISO/IEC 导则第1部分"的 ISO 补充合并本》附录 SL 所给出的 ISO 管理体系标准的通用术语和核心定义之一。

3.2　相关方 interested party（首选术语）
　　利益相关方 stakeholder（许用术语）

可影响决策或活动、受决策或活动所影响，或者自认为受决策或活动影响的个人或组织（3.1）。

注:该术语和定义是《"ISO/IEC 导则第 1 部分"的 ISO 补充合并本》附录 SL 所给出的 ISO 管理体系标准的通用术语和核心定义之一。

3.3　工作人员 worker

在组织(3.1)控制下开展工作或与工作相关的活动的人员。

注 1:在不同安排下,人员有偿或无偿地开展工作或与工作相关的活动,如定期的或临时的、间歇性的或季节性的、偶然的或兼职的等。

注 2:工作人员包括最高管理者(3.12)、管理类人员和非管理类人员。

注 3:根据组织所处的环境,在组织控制下所开展的工作或与工作相关的活动可由组织雇佣的工作人员、外部供方的工作人员、承包方、个人、外部派遣工作人员,以及其工作或与工作相关的活动在一定程度上受组织共同控制的其他人员来完成。

3.4　参与 participation

参加决策。

注:参与包括使健康安全委员会和工作人员代表(若有)加入。

3.5　协商 consultation

决策前征询意见。

注:协商包括使健康安全委员会和工作人员代表(若有)加入。

3.6　工作场所 workplace

在组织(3.1)控制下,人员因工作需要而处于或前往的场所。

注:在职业健康安全管理体系(3.11)中,组织对工作场所的责任取决于其对工作场所的控制程度。

3.7　承包方 contractor

按照约定的规范、条款和条件向组织(3.1)提供服务的外部组织。

注:服务可包括建筑活动等。

3.8　要求 requirement

明示的、通常隐含的或必须满足的需求或期望。

注 1:"通常隐含的"是指,对组织(3.1)和相关方(3.2)而言,按惯例或常见做法,对这些需求或期望加以考虑是不言而喻的。

注 2:规定的要求是指经明示的要求,如文件化信息(3.24)中所阐明的要求。

注 3:该术语和定义是《"ISO/IEC 导则第 1 部分"的 ISO 补充合并本》附录 SL 所给出的 ISO 管理体系标准的通用术语和核心定义之一。

3.9　法律法规要求和其他要求 legal requirements and other requirements

组织(3.1)必须遵守的法律法规要求,以及组织必须遵守或选择遵守的其他要求(3.8)。

注 1:对本标准而言,法律法规要求和其他要求是与职业健康安全管理体系(3.11)相关的要求。

注 2:"法律法规要求和其他要求"包括集体协议的规定。

注 3:法律法规要求和其他要求包括依法律、法规、集体协议和惯例而确定的工作人员(3.3)代表的要求。

3.10　管理体系 management system

组织(3.1)用于建立方针(3.14)和目标(3.16)以及实现这些目标的过程(3.25)的一组相互关联或相互作用的要素。

注 1:一个管理体系可针对单个或多个领域。

注 2:体系要素包括组织的结构、角色和职责、策划、运行、绩效评价和改进。

注 3:管理体系的范围可包括:整个组织,组织中具体且可识别的职能或部门,或者跨组织的一个或多个职能。

注4:该术语和定义是《"ISO/IEC 导则第1部分"的 ISO 补充合并本》附录 SL 所给出的 ISO 管理体系标准的通用术语和核心定义之一。为了澄清某些更广泛的管理体系要素,注2做了改写。

3.11 职业健康安全管理体系 occupational health and safety management system

职业健康安全管理体系 OH&S management system

用于实现职业健康安全方针(3.15)的管理体系(3.10)或管理体系的一部分。

注1:职业健康安全管理体系的目的是防止对工作人员(3.3)的伤害和健康损害(3.18),以及提供健康安全的工作场所(3.6)。

注2:职业健康安全(OH&S)与职业安全健康(OSH)同义。

3.12 最高管理者 top management

在最高层指挥和控制组织(3.1)的一个人或一组人。

注1:在保留对职业健康安全管理体系(3.11)承担最终责任的前提下,最高管理者有权在组织内授权和提供资源。

注2:若管理体系(3.10)的范围仅覆盖组织的一部分,则最高管理者是指那些指挥和控制该部分的人员。

注3:该术语和定义是《"ISO/IEC 导则第1部分"的 ISO 补充合并本》附录 SL 所给出的 ISO 管理体系标准的通用术语和核心定义之一。为了澄清与职业健康安全管理体系有关的最高管理者的职责,注1做了改写。

3.13 有效性 effectiveness

完成策划的活动并得到策划结果的程度。

注:该术语和定义是《"ISO/IEC 导则第1部分"的 ISO 补充合并本》附录 SL 所给出的 ISO 管理体系标准的通用术语和核心定义之一。

3.14 方针 policy

由组织最高管理者(3.12)正式表述的组织(3.1)意图和方向。

注:该术语和定义是《"ISO/IEC 导则第1部分"的 ISO 补充合并本》附录 SL 所给出的 ISO 管理体系标准的通用术语和核心定义之一。

3.15 职业健康安全方针 occupational health and safety policy

职业健康安全方针 OH&S policy

防止工作人员(3.3)受到与工作相关的伤害和健康损害(3.18)并提供健康安全的工作场所(3.6)的方针(3.14)。

3.16 目标 objective

要实现的结果。

注1:目标可以是战略性的、战术性的或运行层面的。

注2:目标可涉及不同领域(如财务的、健康安全的和环境的目标),并可应用于不同层面[如战略层面、组织整体层面、项目层面、产品和过程(3.25)层面]。

注3:目标可按其他方式来表述,例如:按预期结果、意图、运行准则来表述目标;按某职业健康安全目标(3.17)来表述目标;使用其他近义词(如靶向、追求或目的等)来表述目标。

注4:该术语和定义是《"ISO/IEC 导则第1部分"的 ISO 补充合并本》附录 SL 所给出的 ISO 管理体系标准的通用术语和核心定义之一。由于术语"职业健康安全目标"作为单独的术语在3.17中给出定义,原注4被删除。

3.17 职业健康安全目标 occupational health and safety objective

职业健康安全目标 OH&S objective

组织(3.1)为实现与职业健康安全方针(3.15)相一致的特定结果而制定的目标(3.16)。

3.18 伤害和健康损害 injury and ill health

对人的生理、心理或认知状况的不利影响。

注1:这些不利影响包括职业疾病、不健康和死亡。

注2:术语"伤害和健康损害"意味着存在伤害和(或)健康损害。

3.19 危险源 hazard
危害因素 hazard
危害来源 hazard

可能导致伤害和健康损害(3.18)的来源。

注1:危险源可包括可能导致伤害或危险状态的来源,或可能因暴露而导致伤害和健康损害的环境。

注2:考虑到中国安全生产领域现实存在的相关称谓,本标准视"危险源"、"危害因素"和"危害来源"同义。但对于中国安全生产领域中那些仅涉及对"物"或"财产"的损害而不涉及对"人"的伤害和健康损害(3.18)的情况,本标准的术语"危险源"、"危害因素"或"危害来源"则不适用。

3.20 风险 risk

不确定性的影响。

注1:影响是指对预期的偏离——正面的或负面的。

注2:不确定性是指对事件及其后果或可能性缺乏甚至部分缺乏相关信息、理解或知识的状态。

注3:通常,风险以潜在"事件"(见 GB/T 23694—2013,3.5.1.3)和"后果"(见 GB/T 23694—2013,3.6.1.3),或两者的组合来描述其特性。

注4:通常,风险以某事件(包括情况的变化)的后果及其发生的"可能性"(见 GB/T 23694—2013,3.6.1.1)的组合来表述。

注5:在本标准中,使用术语"风险和机遇"之处,意指职业健康安全风险(3.21)、职业健康安全机遇(3.22)以及管理体系的其他风险和其他机遇。

注6:该术语和定义是《"ISO/IEC 导则第1部分"的 ISO 补充合并本》附录 SL 所给出的 ISO 管理体系标准的通用术语和核心定义之一。为了澄清本标准内所使用的术语"风险和机遇",在此增加了注5。

3.21 职业健康安全风险 occupational health and safety risk
职业健康安全风险 OH&S risk

与工作相关的危险事件或暴露发生的可能性与由危险事件或暴露而导致的伤害和健康损害(3.18)的严重性的组合。

3.22 职业健康安全机遇 occupational health and safety opportunity
职业健康安全机遇 OH&S opportunity

一种或多种可能导致职业健康安全绩效(3.28)改进的情形。

3.23 能力 competence

运用知识和技能实现预期结果的本领。

注:该术语和定义是《"ISO/IEC 导则第1部分"的 ISO 补充合并本》附录 SL 所给出的 ISO 管理体系标准的通用术语和核心定义之一。

3.24 文件化信息 documented information

组织(3.1)需要控制并保持的信息及其载体。

注1:文件化信息可以任何形式和载体存在,并可来自任何来源。

注2:文件化信息可涉及:

a)管理体系(3.10),包括相关过程(3.25);

b)为组织运行而创建的信息(文件);

c)结果实现的证据(记录)。

注3:该术语和定义是《"ISO/IEC 导则第 1 部分"的 ISO 补充合并本》附录 SL 所给出的 ISO 管理体系标准的通用术语和核心定义之一。

3.25　过程 process

将输入转化为输出的一系列相互关联或相互作用的活动。

注:该术语和定义是《"ISO/IEC 导则第 1 部分"的 ISO 补充合并本》附录 SL 所给出的 ISO 管理体系标准的通用术语和核心定义之一。

3.26　程序 procedure

为执行某活动或过程(3.25)所规定的途径。

注:程序可以文件化或不文件化。

[GB/T 19000—2016,3.4.5,"注"被改写]

3.27　绩效 performance

可测量的结果。

注1:绩效可能涉及定量或定性的发现。结果可由定量或定性的方法来确定或评价。

注2:绩效可能涉及活动、过程(3.25)、产品(包括服务)、体系或组织(3.1)的管理。

注3:该术语和定义是《"ISO/IEC 导则第 1 部分"的 ISO 补充合并本》附录 SL 所给出的 ISO 管理体系标准的通用术语和核心定义之一。为了澄清结果的确定和评价所采用的方法的类型,注 1 被改写。

3.28　职业健康安全绩效 occupational health and safety performance
　　　职业健康安全绩效 OH&S performance

与防止对工作人员(3.3)的伤害和健康损害(3.18)以及提供健康安全的工作场所(3.6)的有效性(3.13)相关的绩效(3.13)。

3.29　外包(动词)outsource(verb)

对外部组织(3.1)执行组织的部分职能或过程(3.25)做出安排。

注1:虽然被外包的职能或过程处于组织的管理体系(3.10)范围之内,但外部组织则处于范围之外。

注2:该术语和定义是《"ISO/IEC 导则第 1 部分"的 ISO 补充合并本》附录 SL 所给出的 ISO 管理体系标准的通用术语和核心定义之一。

3.30　监视 monitoring

确定体系、过程(3.25)或活动的状态。

注1:为了确定状态,可能需要检查、监督或批判地观察。

注2:该术语和定义是《"ISO/IEC 导则第 1 部分"的 ISO 补充合并本》附录 SL 所给出的 ISO 管理体系标准的通用术语和核心定义之一。

3.31　测量 measurement

确定值的过程(3.25)。

注:该术语和定义是《"ISO/IEC 导则第 1 部分"的 ISO 补充合并本》附录 SL 所给出的 ISO 管理体系标准的通用术语和核心定义之一。

3.32　审核 audit

为获得审核证据并对其进行客观评价,以确定满足审核准则的程度所进行的系统的、独立的和文件化的过程(3.25)。

注1:审核可以是内部(第一方)审核或外部(第二方或第三方)审核,也可以是一种结合(结合两个或多个领域)的审核。

注2:内部审核由组织(3.1)自行实施或由外部方代表其实施。

注 3："审核证据"和"审核准则"的定义见 GB/T 19011。

注 4：该术语和定义是《"ISO/IEC 导则第 1 部分"的 ISO 补充合并本》附录 SL 所给出的 ISO 管理体系标准的通用术语和核心定义之一。

3.33　符合 conformity

满足要求(3.8)。

注：该术语和定义是《"ISO/IEC 导则第 1 部分"的 ISO 补充合并本》附录 SL 所给出的 ISO 管理体系标准的通用术语和核心定义之一。

3.34　不符合 nonconformity

未满足要求(3.8)。

注 1：不符合与本标准的要求和组织(3.1)自己确定的职业健康安全管理体系(3.11)附加的要求有关。

注 2：该术语和定义是《"ISO/IEC 导则第 1 部分"的 ISO 补充合并本》附录 SL 所给出的 ISO 管理体系标准的通用术语和核心定义之一。为了澄清不符合与本标准的要求和组织自身的职业健康安全管理体系要求之间的关系，增加了注 1。

3.35　事件 incident

由工作引起的或在工作过程中发生的可能或已经导致伤害和健康损害(3.18)的情况。

注 1：发生伤害和健康损害的事件有时被称为"事故"。

注 2：未发生但有可能发生伤害和健康损害的事件在英文中称为"near‑miss"、"near‑hit"或"close call"，在中文中也可称为"未遂事件"、"未遂事故"或"事故隐患"等。

注 3：尽管事件可能涉及一个或多个不符合(3.34)，但在没有不符合(3.34)时也可能会发生。

3.36　纠正措施 corrective action

为消除不符合(3.34)或事件(3.35)的原因并防止再次发生而采取的措施。

注：该术语和定义是《"ISO/IEC 导则第 1 部分"的 ISO 补充合并本》附录 SL 所给出 ISO 管理体系标准的通用术语和核心定义之一。由于"事件"是职业健康安全的关键因素，通过纠正措施来应对事件所需的活动与应对不符合所需的活动相同，因此，该术语定义被改写为包括对"事件"的引用。

3.37　持续改进 continual improvement

提高绩效(3.27)的循环活动。

注 1：提高绩效涉及使用职业健康安全管理体系(3.11)，以实现与职业健康安全方针(3.15)和职业健康安全目标(3.17)相一致的整体职业健康安全绩效(3.27)的改进。

注 2：持续并不意味着不间断，因此活动不必同时在所有领域发生。

注 3：该术语和定义是《"ISO/IEC 导则第 1 部分"的 ISO 补充合并本》附录 SL 所给出的 ISO 管理体系标准的通用术语和核心定义之一。为了澄清在职业健康安全管理体系背景下"绩效"的含义，增加了注 1。为了澄清"持续"的含义，增加了注 2。

4　组织所处的环境

4.1　理解组织及其所处的环境

组织应确定与其宗旨相关并影响其实现职业健康安全管理体系预期结果的能力的内部和外部议题。

4.2　理解工作人员和其他相关方的需求和期望

组织应确定：

a)除工作人员之外的、与职业健康安全管理体系有关的其他相关方；

b)工作人员及其他相关方的有关需求和期望(即要求)；

c)这些需求和期望中哪些是或将可能成为法律法规要求和其他要求。

4.3 确定职业健康安全管理体系的范围

组织应界定职业健康安全管理体系的边界和适用性,以确定其范围。

在确定范围时,组织:

a)应考虑 4.1 中所提及的内部和外部议题;

b)必须考虑 4.2 中所提及的要求;

c)必须考虑所计划的或实施的与工作相关的活动。

职业健康安全管理体系应包括在组织控制下或在其影响范围内可能影响组织职业健康安全绩效的活动、产品和服务。

范围应作为文件化信息可被获取。

4.4 职业健康安全管理体系

组织应按照本标准的要求建立、实施、保持和持续改进职业健康安全管理体系,包括所需的过程及其相互作用。

5 领导作用和工作人员参与

5.1 领导作用和承诺

最高管理者应通过以下方式证实其在职业健康安全管理体系方面的领导作用和承诺:

a)对防止与工作相关的伤害和健康损害以及提供健康安全的工作场所和活动全面负责并承担责任;

b)确保职业健康安全方针和相关职业健康安全目标得以建立,并与组织战略方向相一致;

c)确保将职业健康安全管理体系要求融入组织业务过程之中;

d)确保可获得建立、实施、保持和改进职业健康安全管理体系所需的资源;

e)就有效的职业健康安全管理和符合职业健康安全管理体系要求的重要性进行沟通;

f)确保职业健康安全管理体系实现其预期结果;

g)指导并支持人员为职业健康安全管理体系的有效性做出贡献;

h)确保并促进持续改进;

i)支持其他相关管理人员证实在其职责范围内的领导作用;

j)在组织内建立、引导和促进支持职业健康安全管理体系预期结果的文化;

k)保护工作人员不因报告事件、危险源、风险和机遇而遭受报复;

l)确保组织建立和实施工作人员的协商和参与的过程(见5.4);

m)支持健康安全委员会的建立和运行[见5.4e)1)]。

注:本标准所提及的"业务"可从广义上理解为涉及组织存在目的的那些核心活动。

5.2 职业健康安全方针

最高管理者应建立、实施并保持职业健康安全方针。职业健康安全方针应:

a)包括为防止与工作相关的伤害和健康损害而提供安全和健康的工作条件的承诺,并适合于组织的宗旨和规模、组织所处的环境,以及组织的职业健康安全风险和职业健康安全机遇的特性;

b)为制定职业健康安全目标提供框架;

c)包括满足法律法规要求和其他要求的承诺

d)包括消除危险源和降低职业健康安全风险的承诺(见 8.1.2);

e)包括持续改进职业健康安全管理体系的承诺；

f)包括工作人员及其代表(若有)的协商和参与的承诺。

职业健康安全方针应：

——作为文件化信息而可被获取；

——在组织内予以沟通；

——在适当时可为相关方所获取；

——保持相关和适宜。

5.3 组织的角色、职责和权限

最高管理者应确保将职业健康安全管理体系内相关角色的职责和权限分配到组织内各层次并予以沟通，且作为文件化信息予以保持。组织内每一层次的工作人员均应为其所控制部分承担职业健康安全管理体系方面的职责。

注1：尽管职责和权限可以被分配，但最高管理者仍应为职业健康安全管理体系的运行承担最终责任。

注2：对于原国际标准中的单词"roles"，本标准译为"角色"，与 GB/T 24001—2016 相同；但在 GB/T 19001—2016 中，则译为"岗位"，与本标准的"角色"具有相同的含义。

最高管理者应对下列事项分配职责和权限：

a)确保职业健康安全管理体系符合本标准的要求；

b)向最高管理者报告职业健康安全管理体系的绩效。

5.4 工作人员的协商和参与

组织应建立、实施和保持过程，用于在职业健康安全管理体系的开发、策划、实施、绩效评价和改进措施中与所有适用层次和职能的工作人员及其代表(若有)的协商和参与。

组织应：

a)为协商和参与提供必要的机制、时间、培训和资源；

    注1：工作人员代表可视为一种协商和参与机制。

b)及时提供对明确的、易理解的和相关的职业健康安全管理体系信息的访问渠道；

c)确定和消除妨碍参与的障碍或壁垒，并尽可能减少那些难以消除的障碍或壁垒；

    注2：障碍和壁垒可包括未回应工作人员的意见和建议，语言或读写障碍，报复或威胁报复，以及不鼓励或惩罚工作人员参与的政策或惯例等。

d)强调与非管理类工作人员在如下方面的协商：

    1)确定相关方的需求和期望(见4.2)；

    2)建立职业健康安全方针(见5.2)；

    3)适用时，分配组织的角色、职责和权限(见5.3)；

    4)确定如何满足法律法规要求和其他要求(见6.1.3)；

    5)制定职业健康安全目标并为其实现进行策划(见6.2)；

    6)确定对外包、采购和承包方的适用控制(见8.1.4)；

    7)确定所需监视、测量和评价的内容(见9.1)；

    8)策划、建立、实施和保持审核方案(见9.2.2)；

    9)确保持续改进(见10.3)。

e)强调非管理类工作人员在如下方面的参与：

    1)确定其协商和参与的机制；

2)辨识危险源并评价风险和机遇(见 6.1.1 和 6.1.2);

3)确定消除危险源和降低职业健康安全风险的措施(见 6.1.4);

4)确定能力要求、培训需求、培训和培训效果评价(见 7.2);

5)确定沟通的内容和方式(见 7.4);

6)确定控制措施及其有效的实施和应用(见 8.1、8.1.3 和 8.2);

7)调查事件和不符合并确定纠正措施(见 10.2)。

注 3:强调非管理类工作人员的协商和参与,旨在适用于执行工作活动的人员,但无意排除其他人员,如受组织内工作活动或其他因素影响的管理者。

注 4:需认识到,若可行,向工作人员免费提供培训以及在工作时间内提供培训,可以消除工作人员参与的重大障碍。

6 策划

6.1 应对风险和机遇的措施

6.1.1 总则

在策划职业健康安全管理体系时,组织应考虑 4.1(所处的环境)所提及的议题、4.2(相关方)所提及的要求和 4.3(职业健康安全管理体系范围),并确定所需应对的风险和机遇,以:

a)确保职业健康安全管理体系实现预期结果;

b)防止或减少不期望的影响;

c)实现持续改进。

在确定所需应对的与职业健康安全管理体系及其预期结果有关的风险和机遇时,组织必须考虑:

——危险源(见 6.1.2.1);

——职业健康安全风险和其他风险(见 6.1.2.2);

——职业健康安全机遇和其他机遇(见 6.1.2.3);

——法律法规要求和其他要求(见 6.1.3)。

在策划过程中,组织应结合组织及其过程或职业健康安全管理体系的变更来确定和评价与职业健康安全管理体系预期结果有关的风险和机遇。对于所策划的变更,无论是永久性的还是临时性的,这种评价均应在变更实施前进行(见 8.1.3)。

组织应保持以下方面的文件化信息:

——风险和机遇;

——确定和应对其风险和机遇(见 6.1.2 至 6.1.4)所需的过程和措施。其文件化程度应足以让人确信这些过程和措施可按策划执行。

6.1.2 危险源辨识及风险和机遇的评价

6.1.2.1 危险源辨识

组织应建立、实施和保持用于持续和主动的危险源辨识的过程。该过程必须考虑(但不限于):

a)工作如何组织,社会因素(包括工作负荷、工作时间、欺骗、骚扰和欺压),领导作用和组织的文化;

b)常规和非常规的活动和状况,包括由以下方面所产生的危险源:

1)基础设施、设备、原料、材料和工作场所的物理环境;

2)产品和服务的设计、研究、开发、测试、生产、装配、施工、交付、维护或处置；

3)人的因素；

4)工作如何执行；

c)组织内部或外部以往发生的相关事件(包括紧急情况)及其原因。

d)潜在的紧急情况；

e)人员,包括考虑：

1)那些有机会进入工作场所的人员及其活动,包括工作人员、承包方、访问者和其他人员；

2)那些处于工作场所附近可能受组织活动影响的人员；

3)处于不受组织直接控制的场所的工作人员；

f)其他议题,包括考虑：

1)工作区域、过程、装置、机器和(或)设备、操作程序和工作组织的设计,包括它们对所涉及工作人员的需求和能力的适应性；

2)由组织控制下的工作相关活动所导致的、发生在工作场所附近的状况；

3)发生在工作场所附近、不受组织控制、可能对工作场所内的人员造成伤害和健康损害的状况；

g)组织、运行、过程、活动和职业健康安全管理体系中的实际或拟定的变更(见 8.1.3)；

h)危险源的知识和相关信息的变更。

6.1.2.2 职业健康安全风险和职业健康安全管理体系的其他风险的评价

组织应建立、实施和保持过程,以：

a)评价来自于已辨识的危险源的职业健康安全风险,同时必须考虑现有控制的有效性；

b)确定和评价与建立、实施、运行和保持职业健康安全管理体系相关的其他风险。

组织的职业健康安全风险评价方法和准则应在范围、性质和时机方面予以界定,以确保其是主动的而非被动的,并被系统地使用。有关方法和准则的文件化信息应予以保持和保留。

6.1.2.3 职业健康安全机遇和职业健康安全管理体系的其他机遇的评价

组织应建立、实施和保持过程,以评价：

a)提升职业健康安全绩效的职业健康安全机遇,同时必须考虑所策划的对组织及其方针、过程或活动的变更,以及：

1)使工作、工作组织和工作环境适合于工作人员的机遇；

2)消除危险源和降低职业健康安全风险的机遇；

b)改进职业健康安全管理体系的其他机遇。

注：职业健康安全风险和职业健康安全机遇可能会给组织带来其他风险和其他机遇。

6.1.3 法律法规要求和其他要求的确定

组织应建立、实施和保持过程,以：

a)确定并获取最新的适用于组织的危险源、职业健康安全风险和职业健康安全管理体系的法律法规要求和其他要求；

b)确定如何将这些法律法规要求和其他要求应用于组织,以及所需沟通的内容；

c)在建立、实施、保持和持续改进其职业健康安全管理体系时,必须考虑这些法律法规要求和其他要求。

组织应保持和保留有关法律法规要求和其他要求的文件化信息,并确保及时更新以反映任何变化。

注:法律法规要求和其他要求可能会给组织带来风险和机遇。

6.1.4 措施的策划

组织应策划:

a)措施,以:

    1)应对这些风险和机遇(见6.1.2.2和6.1.2.3);

    2)满足法律法规要求和其他要求(见6.1.3);

    3)对紧急情况做出准备和响应(见8.2);

b)如何:

    1)在其职业健康安全管理体系过程中或其他业务过程中融入并实施这些措施;

    2)评价这些措施的有效性。

在策划措施时,组织必须考虑控制的层级(见8.1.2)和职业健康安全管理体系的输出。

在策划措施时,组织还应考虑最佳实践、可选技术方案以及财务、运行和经营等要求。

6.2 职业健康安全目标及其实现的策划

6.2.1 职业健康安全目标

组织应在相关职能和层次上制定职业健康安全目标,以保持和持续改进职业健康安全管理体系和职业健康安全绩效(见10.3)。

职业健康安全目标应:

a)与职业健康安全方针一致;

b)可测量(可行时),或能够进行绩效评价;

c)必须考虑:

    1)适用的要求;

    2)风险和机遇的评价结果(见6.1.2.2和6.1.2.3);

    3)与工作人员及其代表(若有)协商(见5.4)的结果;

d)得到监视;

e)予以沟通;

f)在适当时予以更新。

6.2.2 实现职业健康安全目标的策划

在策划如何实现职业健康安全目标时,组织应确定:

a)要做什么;

b)需要什么资源;

c)由谁负责;

d)何时完成;

e)如何评价结果,包括用于监视的参数;

f)如何将实现职业健康安全目标的措施融入其业务过程。

组织应保持和保留职业健康安全目标和实现职业健康安全目标的策划的文件化信息。

7 支持

7.1 资源

组织应确定并提供建立、实施、保持和持续改进职业健康安全管理体系所需的资源。

7.2　能力

组织应：

a)确定影响或可能影响其职业健康安全绩效的工作人员所必需具备的能力；

b)基于适当的教育、培训或经历,确保工作人员具备胜任工作的能力(包括具备辨识危险源的能力)；

c)在适用时,采取措施以获得和保持所必需的能力,并评价所采取措施的有效性；

d)保留适当的文件化信息作为能力证据。

注:适用措施可包括:向现有所雇人员提供培训、指导或重新分配工作;外聘或将工作承包给能胜任工作的人员等。

7.3　意识

工作人员应意识到：

a)职业健康安全方针和职业健康安全目标；

b)其对职业健康安全管理体系有效性的贡献作用,包括提升职业健康安全绩效的益处；

c)不符合职业健康安全管理体系要求的影响和潜在后果；

d)与其相关的事件和调查结果；

e)与其相关的危险源、职业健康安全风险和所确定的措施；

f)从其所认为的存在急迫且严重危及其生命或健康的工作状况中逃离的能力,以及为保护其免遭由此而产生的不当后果所做出的安排。

7.4　沟通

7.4.1　总则

组织应建立、实施并保持与职业健康安全管理体系有关的内外部沟通所需的过程,包括确定：

a)沟通什么；

b)何时沟通；

c)与谁沟通：

　　1)与组织内不同层次和职能；

　　2)与进入工作场所的承包方和访问者；

　　3)与其他相关方；

d)如何沟通。

在考虑沟通需求时,组织必须考虑到各种差异(如性别、语言、文化、读写能力、残障)。

在建立沟通过程中,组织应确保外部相关方的观点被考虑。

在建立沟通过程时,组织：

——必须考虑其法律法规要求和其他要求；

——应确保所沟通的职业健康安全信息与职业健康安全管理体系内所形成的信息一致且可靠。

组织应对有关其职业健康安全管理体系的沟通做出响应。

适当时,组织应保留文件化信息作为其沟通的证据。

7.4.2　内部沟通

组织应：

a) 就职业健康安全管理体系的相关信息在其不同层次和职能之间进行内部沟通,适当时还包括职业健康安全管理体系的变更;

b) 确保其沟通过程能够使工作人员为持续改进做出贡献。

7.4.3 外部沟通

组织应按其所建立的沟通过程就职业健康安全管理体系的相关信息进行外部沟通,并必须考虑法律法规要求和其他要求。

7.5 文件化信息

7.5.1 总则

组织的职业健康安全管理体系应包括:

a) 本标准要求的文件化信息;

b) 组织确定的实现职业健康安全管理体系有效性所必需的文件化信息。

注:对于不同组织而言,其职业健康安全管理体系的文件化信息的程度可能因以下方面存在差异而不同:

——组织的规模及其活动、过程、产品和服务的类型;

——证实满足法律法规要求和其他要求的需要;

——过程的复杂性及其相互作用;

——工作人员的能力。

7.5.2 创建和更新

创建和更新文件化信息时,组织应确保适当的:

a) 标识和说明(如标题、日期、作者或文件编号);

b) 形式(如语言文字、软件版本、图表)与载体(如纸质载体、电子载体);

c) 评审和批准,以确保适宜性和充分性。

7.5.3 文件化信息的控制

职业健康安全管理体系和本标准所要求的文件化信息应予以控制,以确保:

a) 在需要的场所和时间均可获得并适用;

b) 得到充分的保护(如防止失密、不当使用或完整性受损)。

适用时,组织应针对下列活动来控制文件化信息:

——分发、访问、检索和使用;

——存储和保护,包括保持易读性;

——变更控制(如版本控制);

——保留和处置。

组织应识别其所确定的、策划和运行职业健康安全管理体系所必需的、来自外部的文件化信息,适当时应对其予以控制。

注1:"访问"可能指仅允许查阅文件化信息的决定,或可能指允许并授权查阅和更改文件化信息的决定。

注2:"访问"相关文件化信息包括工作人员及其代表(若有)的"访问"。

8 运行

8.1 运行策划和控制

8.1.1 总则

为了满足职业健康安全管理体系要求和实施第6章所确定的措施,组织应策划、实施、控制和保持所需的过程,通过:

a)建立过程准则；

b)按照准则实施过程控制；

c)保持和保留必要的文件化信息，以确信过程已按策划得到实施；

d)使工作适合于工作人员。

在多雇主的工作场所，组织应与其他组织协调职业健康安全管理体系的相关部分。

8.1.2　消除危险源和降低职业健康安全风险

组织应通过采用下列控制层级，建立、实施和保持用于消除危险源和降低职业健康安全风险的过程：

a)消除危险源；

b)用危险性低的过程、操作、材料或设备替代；

c)采用工程控制和重新组织工作；

d)采用管理控制，包括培训；

e)使用适当的个体防护装备。

注：在许多国家，法律法规要求和其他要求包括了组织无偿为工作人员提供个体防护装备(PPE)的要求。

8.1.3　变更管理

组织应建立过程，用于实施和控制所策划的、影响职业健康安全绩效的临时性和永久性变更。这些变更包括：

a)新的产品、服务和过程，或对现有产品、服务和过程的变更，包括：

——工作场所的位置和周边环境；

——工作组织；

——工作条件；

——设备；

——劳动力。

b)法律法规要求和其他要求的变更；

c)有关危险源和职业健康安全风险的知识或信息的变更；

d)知识和技术的发展。

组织应评审非预期性变更的后果，必要时采取措施，以减轻任何不利影响。

注：变更可带来风险和机遇。

8.1.4　采购

8.1.4.1　总则

组织应建立、实施和保持用于控制产品和服务采购的过程，以确保采购符合其职业健康安全管理体系。

8.1.4.2　承包方

组织应与承包方协调其采购过程，以辨识由下列方面所产生的危险源并评价和控制职业健康安全风险：

a)对组织造成影响的承包方的活动和运行；

b)对承包方工作人员造成影响的组织的活动和运行；

c)对工作场所内其他相关方造成影响的承包方的活动和运行。

组织应确保承包方及其工作人员满足组织的职业健康安全管理体系要求。组织的采购过程应规定和应用选择承包方的职业健康安全准则。

注：在合同文件中包含选择承包方的职业健康安全准则是有益的。

8.1.4.3 外包

组织应确保外包的职能和过程得到控制。组织应确保其外包安排符合法律法规要求和其他要求，并与实现职业健康安全管理体系的预期结果相一致。组织应在职业健康安全管理体系内确定对这些职能和过程实施控制的类型和程度。

注：与外部供方进行协调可助于组织应对外包对其职业健康安全绩效的任何影响。

8.2 应急准备和响应

为了对 6.1.2.1 中所识别的潜在紧急情况进行应急准备并做出响应，组织应建立、实施和保持所需的过程，包括：

a)针对紧急情况建立所策划的响应，包括提供急救；

b)为所策划的响应提供培训；

c)定期测试和演练所策划的响应能力；

d)评价绩效，必要时（包括在测试之后，尤其是在紧急情况发生之后）修订所策划的响应；

e)与所有工作人员沟通并提供与其义务和职责有关的信息；

f)与承包方、访问者、应急响应服务机构、政府部门、当地社区（适当时）沟通相关信息；

g)必须考虑所有有关相关方的需求和能力，适当时确保其参与制定所策划的响应。

组织应保持和保留关于响应潜在紧急情况的过程和计划的文件化信息。

9 绩效评价

9.1 监视、测量、分析和评价绩效

9.1.1 总则

组织应建立、实施和保持用于监视、测量、分析和评价绩效的过程。

组织应确定：

a)需要监视和测量的内容，包括：

1)满足法律法规要求和其他要求的程度；

2)与所辨识的危险源、风险和机遇相关的活动和运行；

3)实现组织职业健康安全目标的进展情况；

4)运行控制和其他控制的有效性；

b)适用时，为确保结果有效而所采用的监视、测量、分析和评价绩效的方法；

c)组织评价其职业健康安全绩效所依据的准则；

d)何时应实施监视和测量；

e)何时应分析、评价和沟通监视和测量的结果。

组织应评价其职业健康安全绩效并确定职业健康安全管理体系的有效性。

组织应确保监视和测量设备在适用时得到校准或验证，并被适当使用和维护。

注：法律法规要求和其他要求（如国家标准或国际标准）可能涉及监视和测量设备的校准或检定。

组织应保留适当的文件化信息：

——作为监视、测量、分析和评价绩效的结果的证据；

——记录有关测量设备的维护、校准或验证。

9.1.2 合规性评价

组织应建立、实施和保持用于对法律法规要求和其他要求（见 6.1.3）的合规性进行评价的

过程。

组织应：

a)确定实施合规性评价的频次和方法；

b)评价合规性，并在需要时采取措施（见10.2）；

c)保持对其关于法律法规要求和其他要求的合规状况的认识和理解；

d)保留合规性评价结果的文件化信息。

9.2 内部审核

9.2.1 总则

组织应按策划的时间间隔实施内部审核，以提供下列信息：

a)职业健康安全管理体系是否符合：

1)组织自身的职业健康安全管理体系要求，包括职业健康安全方针和职业健康安全目标；

2)本标准的要求；

b)职业健康安全管理体系是否得到有效实施和保持。

9.2.2 内部审核方案

组织应：

a)在考虑相关过程的重要性和以往审核结果的情况下，策划、建立、实施和保持包含频次、方法、职责、协商、策划要求和报告的审核方案；

b)规定每次审核的审核准则和范围；

c)选择审核员并实施审核，以确保审核过程的客观性和公正性；

d)确保向相关管理者报告审核结果；确保向工作人员及其代表（若有）以及其他有关的相关方报告相关的审核结果；

e)采取措施，以应对不符合和持续改进其职业健康安全绩效（见第10章）；

f)保留文件化信息，作为审核方案实施和审核结果的证据。

注：有关审核和审核员能力的更多信息参见 GB/T 19011。

9.3 管理评审

最高管理者应按策划的时间间隔对组织的职业健康安全管理体系进行评审，以确保其持续的适宜性、充分性和有效性。

管理评审应包括对下列事项的考虑：

a)以往管理评审所采取措施的状况；

b)与职业健康安全管理体系相关的内部和外部议题的变化，包括：

1)相关方的需求和期望；

2)法律法规要求和其他要求；

3)风险和机遇；

c)职业健康安全方针和职业健康安全目标的实现程度；

d)职业健康安全绩效方面的信息，包括以下方面的趋势：

1)事件、不符合、纠正措施和持续改进；

2)监视和测量的结果；

3)对法律法规要求和其他要求的合规性评价的结果；

4)审核结果；

　　5)工作人员的协商和参与;

　　6)风险和机遇;

e)保持有效的职业健康安全管理体系所需资源的充分性;

f)与相关方的有关沟通;

g)持续改进的机会。

管理评审的输出应包括与下列事项有关的决定:

——职业健康安全管理体系在实现其预期结果方面的持续适宜性、充分性和有效性;

——持续改进的机会;

——任何对职业健康安全管理体系变更的需求;

——所需资源;

——措施(若需要);

——改进职业健康安全管理体系与其他业务过程融合的机会;

——对组织战略方向的任何影响。

最高管理者应就相关的管理评审输出与工作人员及其代表(若有)进行沟通(见7.4)。

组织应保留文件化信息,以作为管理评审结果的证据。

10 改进

10.1 总则

组织应确定改进的机会(见第9章),并实施必要的措施,以实现其职业健康安全管理体系的预期结果。

10.2 事件、不符合和纠正措施

组织应建立、实施和保持包括报告、调查和采取措施在内的过程,以确定和管理事件和不符合。

当事件或不符合发生时,组织应:

a)及时对事件和不符合做出反应,并在适用时:

　　1)采取措施予以控制和纠正;

　　2)处置后果;

b)在工作人员的参与(见5.4)和其他相关方的参加下,通过下列活动,评价是否采取纠正措施,以消除导致事件或不符合的根本原因,防止事件或不符合再次发生或在其他场合发生:

　　1)调查事件或评审不符合;

　　2)确定导致事件或不符合的原因;

　　3)确定类似事件是否曾经发生过,不符合是否存在,或它们是否可能会发生;

c)在适当时,对现有的职业健康安全风险和其他风险的评价进行评审(见6.1);

d)按照控制层级(见8.1.2)和变更管理(见8.1.3),确定并实施任何所需的措施,包括纠正措施;

e)在采取措施前,评价与新的或变化的危险源相关的职业健康安全风险;

f)评审任何所采取措施的有效性,包括纠正措施;

g)在必要时,变更职业健康安全管理体系。

纠正措施应与事件或不符合所产生的影响或潜在影响相适应。

组织应保留文件化信息作为以下方面的证据:

——事件或不符合的性质以及所采取的任何后续措施；

——任何措施和纠正措施的结果，包括其有效性。

组织应就此文件化信息与相关工作人员及其代表（若有）和其他有关的相关方进行沟通。

注：及时报告和调查事件可有助于消除危险源和尽快降低相关职业健康安全风险。

10.3　持续改进

组织应通过下列方式持续改进职业健康安全管理体系的适宜性、充分性与有效性：

a）提升职业健康安全绩效；

b）促进支持职业健康安全管理体系的文化；

c）促进工作人员参与职业健康安全管理体系持续改进措施的实施；

d）就有关持续改进的结果与工作人员及其代表（若有）进行沟通；

e）保持和保留文件化信息作为持续改进的证据。

附录 A （资料性附录）本标准的使用指南

A.1 总则

本附录所给出的解释性信息旨在防止对本标准所包含要求的错误理解，这些信息的阐述与标准要求保持一致，不拟增加、减少或以任何方式修改本标准的要求。

本标准中的要求需以系统且非孤立的视角进行考虑，即某些章条中的要求可能与其他章条中的要求之间存在着相互联系。

A.2 规范性引用文件

本标准无规范性引用文件。使用者可从参考文献所列文件中获得有关职业健康安全指南和其他管理体系标准的进一步信息。

A.3 术语和定义

除了第3章给出的术语和定义外，以下还对所选概念进行了说明，以防止错误理解：

a)"持续(continual)"指发生在一段时期内的持续，但可能有间断；而"连续(continuous)"指不间断的持续，因此应当使用"持续(continual)"来描述改进。

b)"考虑(consider)"意指有必要考虑，但可拒绝考虑；"必须考虑(take into account)"意指有必要考虑，但不能拒绝考虑。

c)"适当的(appropriate)"与"适用的(applicable)"不得互换。"适当的"意指适合于或适于……的，并意味着某种程度的自由；而"适用的"意指与应用有关或有可能应用，且意味着如果能够做到，就应该要做。

d)本标准使用了术语"相关方(interested party)"，"利益相关方(stakeholder)"是其同义词，代表了相同的概念。

e)"确保(ensure)"一词意指：可将职责委派给他人，但仍承担确保措施得到实施的问责。

f)"文件化信息(documented information)"被用于包含"文件(documents)"和"记录(records)"。本标准使用短语"保留(retain)文件化信息作为……的证据"来表示记录，"应作为文件化信息予以保持(maintain)"来表示文件，包括程序。短语"以保留文件化信息作为……的证据(to retain documented information as evidentiary of…)"并非要求所保留的信息将满足法律法规的证据要求，而旨在规定所需保留的记录的类型。

g)"在组织共同控制下(under the shared control of the organization)"的活动是指，按照法律法规要求和其他要求，对于所开展的工作，就其职业健康安全绩效方面，组织与他方共同控制工作的方式或方法，或者共同把握工作方向。

组织可按照职业健康安全管理体系的相关要求，批准使用特定的术语及其含义。但如果使用标准之外的这些术语，则仍需要符合本标准。

A.4 组织所处的环境

A.4.1 理解组织及其所处的环境

对组织所处环境的理解被用于建立、实施、保持和持续改进其职业健康安全管理体系。内部和外部议题可能是正面的或负面的，并包含了能够影响职业健康安全管理体系的条件、特征或变化情况，例如：

a)外部议题,如:

   1)文化、社会、政治、法律、金融、技术、经济和自然环境以及市场竞争,无论是国际的、国内的、区域的,还是地方的;

   2)新加入的竞争对手、承包方、分包方、供方、合作伙伴和供应商,以及新技术、新法律和新出现的职业;

   3)有关产品的新知识及其对健康和安全的影响;

   4)与行业或专业相关的、对组织有影响的关键驱动因素和趋势;

   5)与其外部相关方之间的关系,以及外部相关方的观念和价值观;

   6)与上述各项有关的变化;

b)内部议题,如:

   1)治理、组织结构、角色和责任;

   2)方针、目标及其实现的策略;

   3)能力,可理解为资源、知识和技能(如资金、时间、人力资源、过程、系统和技术);

   4)信息系统、信息流及决策过程(正式的和非正式的);

   5)新的产品、材料、服务、工具、软件、场所和设备的引入;

   6)与工作人员的关系,以及他们的观念和价值观;

   7)组织文化;

   8)组织所采用的标准、指南和模型;

   9)合同关系的形式和范围,包括诸如外包活动;

   10)工作时间安排;

   11)工作条件;

   12)与上述各项有关的变化。

A.4.2　理解工作人员和其他相关方的需求和期望

除工作人员之外,相关方还可包括:

a)法律法规监管机构(当地的、地区的、省/直辖市/自治区的、国家的或国际的);

b)上级组织;

c)供方、承包方、分包方;

d)工作人员代表;

e)工作人员组织(工会)和雇主组织;

f)所有者、股东、客户、访问者、组织所在社区和邻居以及一般公众;

g)顾客、医疗和其他社区服务机构、媒体、学术界、商业协会和非政府组织;

h)职业健康安全组织、职业安全和健康护理方面的专业人员。

有些需求和期望具有强制性,如已被纳入法律法规的需求和期望。对于其他需求和期望,组织也可决定是否自愿接受或采纳(如签署自愿性倡议)。组织一旦采纳这些需求和期望,就要在策划和建立职业健康安全管理体系时予以应对。

A.4.3　确定职业健康安全管理体系的范围

组织可以自主灵活地界定职业健康安全管理体系的边界和适用性。边界和适用性可包括整个组织,或组织的特定部分,只要该部分的最高管理者自身拥有建立职业健康安全管理体系的职能、职责和权限。

组织职业健康安全管理体系的可信度取决于边界的选定。范围不可用来排除影响或可能影响组织职业健康安全绩效的活动、产品和服务,或规避法律法规要求和其他要求。范围是对包含在职业健康安全管理体系边界内的组织运行的真实并具代表性的声明,不可对相关方造成误导。

A.4.4 职业健康安全管理体系

组织有权力、责任和自主性来决定如何满足本标准的要求,包括下列事项的详略水平和程度:

a)建立一个或多个过程,以确信它们按照策划得到控制和实施,并实现职业健康安全管理体系的预期结果;

b)将职业健康安全管理体系要求融入其各项业务过程(如设计和开发、采购、人力资源、营销和市场等)中。

如果在组织的一个或多个特定部分实施本标准,则可采用组织其他部分所建立的方针和过程来满足本标准要求,只要它们适用于该特定部分且符合本标准的要求。示例包括:公司的职业健康安全方针;教育、培训和能力方案;采购控制等。

A.5 领导作用和工作人员参与

A.5.1 领导作用和承诺

组织最高管理者的领导作用和承诺(包括意识、响应、积极的支持和反馈)是职业健康安全管理体系成功并实现其预期结果的关键,为此,最高管理者负有亲自参与或指导的特定职责。

支持组织职业健康安全管理体系的文化在很大程度上取决于最高管理者,它是个体和群体的价值观、态度、管理实践、观念、能力及活动模式的产物,而这些则决定了其职业健康安全管理体系的承诺、风格和水平。该文化具有(但不限于)下述特征:工作人员的积极参与;基于相互信任的合作与沟通;通过积极参与对职业健康安全机遇的探寻而达成对职业健康安全管理体系重要性的共识;对预防和保护措施的有效性的信心。最高管理者证实其领导作用的一个重要方式是鼓励工作人员报告事件、危险源、风险和机遇,并保护其免遭报复(例如,当他们这样做时会面临解雇或纪律处分的威胁)。

A.5.2 职业健康安全方针

职业健康安全方针是最高管理者作为承诺而声明的一组原则。它概述了组织支持和持续改进其职业健康安全绩效的长期方向。职业健康安全方针提供了一个总体方向,并为组织制定目标和采取措施以实现职业健康安全管理体系的预期结果提供了框架。

这些承诺体现在组织所建立的过程中,以确保职业健康安全管理体系坚实、可信和可靠(包括应对本标准的特定要求)。

术语"尽可能降低"用于与职业健康安全风险有关的方面,以阐明组织对其职业健康安全管理体系的愿望。术语"降低"用于描述实现的过程。

在建立职业健康安全方针时,组织宜考虑与其他方针的一致性和协调性。

A.5.3 组织的角色、职责和权限

为了实现职业健康安全管理体系的预期结果,组织职业健康安全管理体系所涉及的人员宜清晰理解其角色、职责和权限。

虽然最高管理者对职业健康安全管理体系拥有总体职责和权限,但工作场所中的每个人不仅必须考虑其自身的健康和安全,还须考虑他人的健康和安全。

"负有责任的最高管理者",意味着最高管理者可为决策和活动接受组织治理机构、法律监管机构以及更广泛意义上的相关方的问责。这意味着最高管理者承担最终责任,并与因某事未完成、未妥善处置、不起作用或未实现其目标而被追究责任的人员一起承担连带责任。

工作人员宜能够报告危险情况,以便组织采取措施。工作人员宜能够按照要求向有关主管部门报告其关心的问题,而不会因此而遭受解雇、纪律处分或其他此类报复的威胁。

5.3中所确定的特定角色和职责可指派给某个人承担,也可由几个人共同分担,或指派给最高管理者中的某个成员。

A.5.4 工作人员的协商和参与

工作人员及其代表(若有)的协商和参与是职业健康安全管理体系取得成功的关键因素。组织宜通过建立过程而对此予以鼓励。

协商意味着一种涉及对话和交换意见的双向沟通。协商包括及时向工作人员及其代表(若有)提供必要信息,以使其给出知情的反馈意见,供组织在做出决策前加以考虑。

参与能使工作人员为与职业健康安全绩效测量和变更建议有关的决策过程做出贡献。

对职业健康安全管理体系的反馈依赖于工作人员的参与。组织宜确保鼓励各层次工作人员报告危险情况,以便预防措施落实到位和采取纠正措施。

如果工作人员在提供建议时无惧遭受解雇、纪律处分或其他类似报复的威胁,那么所收到的建议将会更为有效。

A.6 策划

A.6.1 应对风险和机遇的措施

A.6.1.1 总则

策划并非单一事件,而是一个持续的过程。它既为工作人员也为职业健康安全管理体系预测环境变化并持续确定风险和机遇。

非预期的结果可包括与工作相关的伤害和健康损害、不符合法律法规要求和其他要求,或损害声誉。

策划需整体考虑管理体系的活动与要求之间的关系和相互作用。

职业健康安全机遇涉及危险源辨识、如何沟通危险源,以及已知危险源的分析和减轻。其他机遇涉及体系改进策略。

改进职业健康安全绩效的机遇的示例:

a)发挥检查和审核作用;

b)工作危险源分析(工作安全分析)和相关任务评价;

c)通过减轻单调的工作或具有潜在危险的预设工作速率的工作来改进职业健康安全绩效;

d)工作许可及其他的认可和控制方法;

e)事件或不符合调查和纠正措施;

f)人类工效学和其他与伤害预防有关的评价。

改进职业健康安全绩效的其他机遇的示例:

——对于设施重置、过程重设,或机器和厂房的更换的策划,在设施、设备或过程的生命周期最早期阶段融入职业健康安全要求;

——对于设施重置、过程重设,或机器和厂房的更换,在策划的最早期阶段融入职业健康安全要求；

——应用新技术提升职业健康安全绩效；

——通过诸如扩展超越要求的与职业健康安全相关的能力，或鼓励工作人员及时报告事件等来改善职业健康安全文化；

——提高对最高管理者支持职业健康安全管理体系的感知度；

——强化事件调查过程；

——改进工作人员协商和参与的过程；

——标杆管理，包括考虑组织自身以往的绩效和其他组织的绩效；

——在职业健康安全专题论坛中寻求合作。

A.6.1.2　危险源辨识及风险和机遇的评价

A.6.1.2.1　危险源辨识

持续主动的危险源辨识始于任何新工作场所、设施、产品或组织的概念设计阶段。它宜随着设计的细化及其随后的运行持续进行，并贯穿其整个生命周期，以反映当前的、变化的和未来的活动。

虽然本标准不涉及产品安全（即最终产品用户的安全），但产品的制造、建造、装配或测试过程中所存在的危害工作人员的危险源宜予以考虑。

危险源辨识有助于组织认识和理解工作场所中的危险源及其对工作人员的危害，以便评价、优先排序并消除危险源或降低职业健康安全风险。

危险源可能是物理的、化学的、生物的、心理的、机械的、电的或基于运动或能量的。6.1.2.1所列并非详尽无遗。

注：以下所列条目编号从 a)到 f)与 6.1.2.1 中所列条目的编号并非完全对应。

组织的危险源辨识过程宜考虑：

a)常规和非常规的活动和状况：

1)常规的活动和状况经由日常运行和正常工作活动产生危险源；

2)非常规的活动和状况是指偶然出现的或非计划的活动和状况；

3)短期的活动或长期的活动可产生不同的危险源；

b)人的因素：

1)与人的能力、局限性及其他特征有关；

2)为了人能够安全和舒适的使用而应用于工具、机器、系统、活动或环境的信息；

3)宜考虑三个方面：活动、工作人员和组织，以及它们之间是如何相互作用并对职业健康安全产生影响的；

c)新的或变化的危险源：

1)可在因过于熟悉环境或环境变化而导致工作过程恶化、被更改、被适应或被演变时产生；

2)对工作实际开展情况的了解（如与工作人员一起观察和讨论危险源）能识别职业健康安全风险是否增加或降低；

d)潜在紧急情况：

1)需立即做出响应的、意外的或非计划的状况（如工作场所的机器着火；工作场所附近的自然灾害；工作人员正在从事与工作有关活动的其他地点的自然灾害）；

2)包括诸如在工作人员正从事与工作相关活动的地点发生了内乱而需要他们紧急疏散的情况；

e)人员：

1)工作场所附近、可能受组织活动影响的人员（如路人、承包方或近邻）；

2)处于不在组织直接控制下的地点的工作人员，如从事流动工作的人员或前往其他地点从事与工作有关活动的人员（如邮政工作人员、公共汽车司机、前往客户现场工作的服务人员）；

3)在家工作或独自工作的工作人员；

f)有关危险源的知识或信息的变化：

1)有关危险源的知识、信息和新的理解可能来自于公开的文献、研究与开发、工作人员的反馈，以及组织自身运行经验的评审；

2)这些来源能够提供有关危险源和职业健康安全风险的新信息。

A.6.1.2.2　职业健康安全风险和职业健康安全管理体系的其他风险的评价

组织可以采用不同方法来评价职业健康安全风险，作为其应对不同危险源或活动的总体战略的一部分。评价的方法和复杂程度并不取决于组织的规模，而取决于与组织的活动有关的危险源。

职业健康安全管理体系的其他风险也宜采用适当的方法进行评价。

职业健康安全管理体系的风险评价过程宜考虑日常运行和决策（如工作流程中的峰巅、重组）以及外部议题（如经济变化）。方法可包括：与受日常活动（如工作量的变化）影响的工作人员持续协商；对新的法律法规要求和其他要求（如监管改革、与职业健康安全有关的集体协议的修订）进行监视和沟通；确保资源满足当前和变化的需求（如针对新改进的设备或物料开展培训或采购）。

A.6.1.2.3　职业健康安全机遇和职业健康安全管理体系的其他机遇的评价

评价过程宜考虑所确定的职业健康安全机遇和其他机遇，以及它们的益处和改进职业健康安全绩效的潜力。

A.6.1.3　法律法规要求和其他要求的确定

a)法律法规要求可包括：

1)法律法规（国家的、区域的或国际的），包括法律、法规和规章；

2)法令和指令；

3)监管部门发布的命令；

4)许可、执照或其他形式的授权；

5)法院判决或行政裁决；

6)条约、公约、议定书；

7)集体协商协议；

b)其他要求可包括：

1)组织的要求；

2)合同条款；

3)雇佣协议；

4)与相关方的协议；

5)与卫生部门的协议；

6)非强制性标准、获得一致认可的标准和指南；

7)自愿性原则、行为守则、技术规范、章程；

8)本组织或其上级组织的公开承诺。

A.6.1.4　措施的策划

所策划的措施宜主要通过职业健康安全管理体系进行管理，并宜与其他业务过程（如为管理环境、质量、业务连续性、风险、财务或人力资源而建立的过程）相融合。措施的实施旨在期待实现职业健康安全管理体系的预期结果。

当职业健康安全风险和其他风险的评价已识别了控制需求时，策划活动则要确定如何在运行（见第 8 章）中实施这些控制，如确定是否将这些控制纳入作业指导书或纳入提升能力的措施中。其他控制可采用测量或监视（见第 9 章）方式。

变更管理（见 8.1.3）也宜考虑应对风险和机遇的措施，以确保不产生非预期的后果。

A.6.2　职业健康安全目标及其实现的策划

A.6.2.1　职业健康安全目标

制定目标是为了保持和改进职业健康安全绩效。目标宜与风险和机遇以及组织所识别的、实现职业健康安全管理体系预期结果所必需的绩效准则相关。

职业健康安全目标可与其他业务目标相融合，并宜在相关职能和层次设立。目标可以是战略性的、战术性的或运行层面的：

a)战略性目标可被设立为改进职业健康安全管理体系整体绩效（如消除噪声暴露）；

b)战术性目标可被设立在设施、项目或过程层面（如从源头降低噪声）；

c)运行层面的目标可被设立在活动层面（如围挡单台机器以降低噪声）。

职业健康安全目标的测量可以是定性的或定量的。定性测量可以是粗略的估计，例如那些从调查、访谈和观察中所获得的结果。组织不必为其所确定的每个风险和机遇均设立职业健康安全目标。

A.6.2.2　实现职业健康安全目标的策划

组织可为实现目标进行单独策划或整体策划。必要时，可针对多重目标进行策划。

组织宜审查实现其目标所需的资源（如财务、人员、设备、基础设施）。

可行时，每个目标宜对应一个指标，指标可以是战略性的、战术性的或运行层面的。

A.7　支持

A.7.1　资源

资源的示例包括人力资源、自然资源、基础设施、技术和财务资源。

基础设施的示例包括组织的建筑物、厂房、设备、公用设施、信息技术与通信系统、应急处置系统。

A.7.2　能力

工作人员的能力宜包括对与其工作和工作场所有关的危险源和职业健康安全风险进行恰当辨识和处置所需的知识和技能。

在确定每个角色的能力时，组织宜考虑如下内容：

a)承担该角色所必需的教育、培训、资格和经验，以及保持能力所必需的再培训；

b)工作环境；

c)产自风险评价过程的预防措施和控制措施；

d)适用于职业健康安全管理体系的要求；

e)法律法规要求和其他要求；

f)职业健康安全方针；

g)合规和不合规的潜在后果，包括对工作人员的健康和安全的影响；

h)工作人员基于其知识和技能参与职业健康安全管理体系的价值；

i)与其角色相关的义务和职责；

j)个人能力，包括经验、语言技能、读写能力和差异性；

k)因所处环境或工作变化而必需的相应能力的更新。

工作人员可协助组织确定角色所需的能力。

工作人员宜具备使自己摆脱紧迫和严重危险状况的必要能力。为此，为工作人员提供充分的、与其工作有关的危险源和风险方面的培训非常重要。

适当时，工作人员宜接受所需的培训，以使其能够有效地履行其职业健康安全方面的典型职责。

在许多国家，向工作人员无偿提供培训是法律法规要求。

A.7.3　意识

除工作人员（特别是临时工作人员）外，承包方、访问者和任何其他相关方也宜意识到其所面临的职业健康安全风险。

A.7.4　沟通

组织所建立的沟通过程宜规定信息的收集、更新和传播。该过程宜确保向所有有关的工作人员和相关方提供相关信息，并确保他们能接收到和易于理解这些信息。

A.7.5　文件化信息

重要的是，对于文件化信息，在尽可能降低其复杂性的同时确保有效、高效和简洁。

这宜包括关于满足法律法规要求和其他要求的策划，以及评价这些策划措施有效性的文件化信息。

7.5.3 所述的措施特用于防止作废的文件化信息被非预期使用。

保密信息的示例包括个人信息和医疗信息等。

A.8　运行

A.8.1　运行策划和控制

A.8.1.1　总则

组织有必要建立和实施过程的运行策划和控制，通过消除危险源，或当消除危险源不可行时将运行区域和活动的职业健康安全风险降低至最低合理可行水平，以增强职业健康安全。

过程的运行控制示例包括：

a)运用工作程序和系统；

b)确保工作人员的能力；

c)建立预防性或预测性的维护和检查方案；

d)货物和服务采购规范；

e)应用法律法规要求和其他要求，或制造商的设备说明书；

f)工程控制和管理控制；

g)使工作与工作人员相适宜,例如通过:

    1)规定或重新规定工作的组织方式;

    2)引进新工作人员;

    3)规定或重新规定过程和工作环境;

    4)在设计新的或改造已有的工作场所和设备等时应用人类工效学方法等。

A.8.1.2 消除危险源和降低职业健康风险

控制层级旨在提供一种系统的方法来增强职业健康安全、消除危险源和降低或控制职业健康安全风险。每个层级的控制效果低于前一个层级。为了成功地将职业健康安全风险尽可能降低至最低合理可行水平,通常采用多个控制的组合。

以下示例说明了每个层级可以实施的措施:

a)消除:移除危险源;停止使用危险化学品;在规划新的工作场所时应用人类工效学方法;消除单调的工作或导致负面压力的工作;在某区域不再使用叉车;

b)替代:用低危险性替代高危险性;改用在线指南来回应顾客抱怨;从源头防止职业健康安全风险;适应技术进步(如用水性漆代替溶剂型漆);更换光滑的地板材料;降低设备的电压要求;

c)工程控制、工作重组或两者兼用:将人与危险源隔离;实施集体防护措施(如隔离、机械防护装置、通风系统);采用机械装卸;降低噪音;使用护栏防止高空坠落;采用工作重组以避免人员单独工作、有碍健康的工时和工作量,或防止重大伤害;

d)管理控制,包括培训:实施定期的安全设备检查;实施防止欺凌和骚扰的培训;通过协调分包方的活动来管理健康和安全;实施上岗培训;管理叉车驾驶证;指导工作人员如何报告事件、不符合和受害情况而不用担心遭到报复;改变工作人员的工作模式(如轮班);为已确定处于危险状况(如与听力、手臂振动、呼吸系统疾病、皮肤病或暴露有关的危险)中的工作人员管理健康或医疗监测方案;给工作人员适当的指令(如入口控制过程);

e)个人防护用品(PPE):提供充足的PPE,包括服装以及PPE(如安全鞋、防护眼镜、听力保护装备、手套等)的使用和维护说明书。

A.8.1.3 变更管理

对变更过程进行管理的目标是,在变更(如技术、设备、设施、工作惯例和程序、设计规范、原材料、人员配备、标准或规则的变更)发生时,通过尽可能减少将新危险源和职业健康安全风险引入工作环境来增强工作中的职业健康安全。根据预期变更的性质,组织可以使用适当的方法(如设计评审)来评价职业健康安全风险和职业健康安全机遇的变化。变更管理的需求可能是策划(见6.1.4)的输出。

A.8.1.4 采购

A.8.1.4.1 总则

在诸如产品、危险材料或物质、原材料、设备或服务等被引入到工作场所前,采购过程宜用于确定、评价和消除危险源,并降低与之相关的职业健康安全风险。

组织的采购过程宜应对包括对诸如组织所购买的供给物、设备、原材料以及其他货物和相关服务等的要求,以符合组织的职业健康安全管理体系。该过程还宜应对协商(见5.4)和沟通(见7.4)的任何需求。

组织宜证实工作人员所用设备、装置和材料是安全的,通过确保:

a)设备按规范交付,并为确保其按预期工作而已经过测试;

b)装置得到调试,以确保其按照设计运行;

c)材料按规范交付;

d)任何使用要求、注意事项或其他防护措施已得到沟通并可获取。

A.8.1.4.2　承包方

之所以需要协调,是因为某些承包方(如外部供方)拥有专业知识、技能、方法和手段。

承包方的活动和运行的示例包括维护、施工、操作、安保、清洁和许多其他职能。承包方还可包括在行政、会计和其他职能方面的顾问或专家。将活动委派给承包方并不能免除组织对工作人员的职业健康安全责任。

组织可通过合同来清晰界定有关各方的责任,实现对承包方活动的协调。组织可以使用各种工具(例如:合同奖励机制,或对以往职业健康安全绩效、安全培训或职业健康安全能力加以考虑的资格预审准则;直接的合同要求)确保承包方在工作场所中的职业健康安全绩效。

当与承包方协调时,组织宜考虑对自身与其承包方之间的危险源的报告,对工作人员进入危险区域的控制,以及紧急情况下需执行的程序。组织宜规定承包方如何将其活动与组织自身的职业健康安全管理体系过程(如那些用于控制进入和受限空间进入、暴露评价和过程安全管理的过程)相协调,以及如何报告事件。

组织宜证实承包方在被允许开展工作前有能力执行其任务;例如,通过证实:

a)职业健康安全绩效的记录是令人满意的;

b)工作人员的资格、经验和能力准则已被规定并已得到满足(如通过培训);

c)资源、设备和工作准备是充分的并准备开始工作。

A.8.1.4.3　外包

外包时,组织需对外包的职能和过程进行控制以实现职业健康安全管理体系的预期结果。对于外包的职能和过程,符合本标准要求仍是组织的责任。

组织宜基于诸如以下因素,确定对外包职能或过程的控制程度:

——外部组织满足组织职业健康安全管理体系要求的能力;

——组织确定适当的控制措施或评价控制措施的充分性的技术能力;

——外包的过程或职能对组织实现职业健康安全管理体系预期结果的能力的潜在影响;

——外包的过程或职能被分担的程度;

——组织通过应用其采购过程实现必要的控制的能力;

——改进的机遇。

在一些国家,法律法规要求中提出了对外包职能或过程的要求。

A.8.2　应急准备和响应

应急准备策划可包括正常工作时间内外发生的自然的、技术的和人为的事件。

A.9　绩效评价

A.9.1　监视、测量、分析和评价绩效

A9.1.1　总则

为了实现职业健康安全管理体系的预期结果,过程宜予以监视、测量和分析:

a)监视和测量内容的示例可包括(但不限于):

1)职业健康抱怨、工作人员的健康(通过监护)和工作环境;

2)与工作相关的事件、伤害和健康损害,以及抱怨,包括其趋势;

3)运行控制和应急演练的有效性,或者更改现有控制或引入新的控制的需求;

4)能力;

b)为了评价法律法规要求的满足情况,监视和测量内容的示例可包括(但不限于):

1)已识别的法律法规要求(例如:所有法律法规要求是否已确定;组织有关法律法规要求的文件化信息是否保持最新);

2)集体协议(当具有法律约束力时);

3)已识别的合规差距的状况;

c)为了评价其他要求的满足情况,监视和测量内容的示例可包括(但不限于):

1)集体协议(当不具有法律约束力时);

2)标准和准则;

3)公司的和其他的方针、规则和制度;

4)保险要求;

d)准则是组织可用于比较其绩效的参照:

1)基准示例:

i)其他组织;

ii)标准和规范;

iii)组织自己的准则和目标;

iv)职业健康安全统计数据;

2)对于测量准则,较为典型的是运用指标,例如:

i)如果准则是对事件的比较,则组织可选择考虑事件的频率、类型、严重程度或数量;此时,在每一项准则内,指标可以是确定的比率;

ii)如果准则是对纠正措施完成情况的比较,则指标可以是按时完成的百分比。

监视可包含持续的检查、监督、严格观察或确定状态,以便识别所要求的或所期望的绩效水平的变化。监视可适用于职业健康安全管理体系、过程或控制。示例包括访谈、对文件化信息的评审和对正在执行的工作的观察。

测量通常涉及为目标或事件赋值。它是定量数据的基础,并通常与安全方案和健康监护的绩效评价有关。示例包括使用经校准或验证的设备来测量有害物质的暴露,或计算危险源安全距离。

分析是检查数据以揭示关系、模式和趋势的过程。这可能意味着采用统计运算,包括使用来自其他类似组织的信息,以有助于从数据中得出结论。该过程常常与测量活动相关。

绩效评价是为确定主题事项在实现所制定的职业健康安全管理体系目标方面的适宜性、充分性和有效性所开展的一项活动。

A.9.1.2 合规性评价

合规性评价的频次和时机可能会发生变化,这取决于要求的重要性、运行状况的变化、法律法规要求和其他要求的变化以及组织以往的业绩。组织可以使用多种方法保持对其合规状况的认识和理解。

A.9.2 内部审核

审核方案的详略程度宜基于职业健康安全管理体系的复杂性和成熟度水平。

组织可通过创建过程将内部审核员的审核角色从其日常承担的职责中分离出来,或者使用外部人员承担内部审核职能,以建立内部审核的客观性和公正性。

A.9.3 管理评审

管理评审所用的有关术语应理解如下:

a)"适宜性"是指职业健康管理体系如何适合于组织、其运行、其文化及业务系统;

b)"充分性"是指职业健康安全管理体系是否得到恰当地实施;

c)"有效性"是指职业健康安全管理体系是否正在实现预期结果。

组织不必一次性地完成对 9.3 的 a)至 g)所列管理评审主题的全部评审,但宜确定何时和如何评审管理评审主题。

A.10 改进

A.10.1 总则

在采取措施进行改进时,组织宜考虑来自于职业健康安全绩效的分析和评价、合规性评价、内部审核和管理评审的结果。

改进的示例包括纠正措施、持续改进、突破性变革、创新和重组。

A.10.2 事件、不符合和纠正措施

事件调查和不符合评审可以是分开的过程,也可合并为一个过程,这取决于组织的要求。

事件、不符合和纠正措施的示例可包括(但不限于):

a)事件:平地跌倒(无论有无损伤);腿部骨折;石棉肺;听力损伤;可能导致职业健康安全风险的建筑物或车辆的损坏。

b)不符合:防护设备不能正常工作;未满足法律法规要求和其他要求;或未执行规定的程序。

c)纠正措施(如控制层级所示;见 8.1.2):消除危险源;用低危险性材料替代;重新设计或改造设备或工具;制定程序;提升受影响的工作人员的能力;改变使用频率;使用个人防护用品。

根本原因分析是指通过询问发生了什么、如何发生以及为何发生,来探索与一个事件或不符合有关的所有可能因素的实践,以便如何防止其再次发生而提供输入。

当确定事件或不符合的根本原因时,组织宜使用与被分析的事件或不符合的性质相适宜的方法。根本原因分析的焦点是预防,该分析可以识别多个引起失效的因素,包括与沟通、能力、疲劳、设备或程序有关的因素。

纠正措施有效性的评审[见 10.2f)]是指对所实施的纠正措施充分控制根本原因的程度的评审。

A.10.3 持续改进

持续改进议题的示例包括(但不限于):

a)新技术;

b)组织内部和外部的良好实践;

c)相关方的意见和建议;

d)职业健康安全相关议题的新知识和新理解;

e)新的或改进的材料;

f)工作人员能力或技能的变化;

g)用更少的资源(如简化、精简等)实现绩效改进。

附录二 职业健康安全管理体系知识练习

一、选择题

1.危险源辨识包括(　　　)。

A)常规和非常规的活动和状况

B)组织内部或外部以往发生的相关事件及其原因

C)潜在的紧急情况

D)A＋B＋C

2.根据 GB/T 45001—2020 中,工作人员的参与活动有(　　　)。

A)辨识危险源并评价风险和机遇

B)确定消除危险源和降低职业健康安全风险的措施

C)确定控制措施及其有效的实施和应用

D)A＋B＋C

3.组织建立的管理事件和不符合的过程,应该包括(　　　)。

A)及时对事件和不符合做出反应

B)评审任何所采取措施的有效性,包括纠正措施

C)评价是否采取纠正措施,以消除导致事件或不符合的根本原因

D)A＋B＋C

4.在组织控制下开展工作或与工作相关的活动的人员是(　　　)。

A)定期的或临时的、间歇性的或季节性的、偶然的或兼职的

B)最高管理者

C)管理类人员和非管理类人员

D)以上都正确

5.最高管理者建立、实施并保持的职业健康安全方针,应(　　　)。

A)适合于组织的宗旨和规模、组织所处的环境

B)为制定职业健康安全目标提供框架

C)"5 个承诺"

D)A＋B＋C

6.职业健康安全管理体系的审核准则是(　　　)。

A)GB/T 45001—2020 标准

B)适用的法律、法规和其他要求

C)受审核方的职业健康安全管理体系文件

D)A＋B＋C

7.组织定期开展内审的目的,是确定职业健康安全管理体系是否(　　　)。

A)符合 GB/T 45001 标准的要求

B)组织自身的职业健康安全管理体系要求得到了有效实施和保持

C)得到了有效实施和保持

D)A+B+C

8.组织的职业健康安全方针应（　　　　）。

A)必须由职工代表大会批准

B)必须经最高管理者批准

C)必须由工会批准

D)必须由健康安全委员会通过

9.《中华人民共和国安全生产法》是以（　　　　）的表现形式适用于职业健康安全管理体系。

A)法律

B)法规

C)规章

D)A+B+C

10.职业健康安全管理体系第一阶段审核的目的是（　　　　）。

A)确定审核范围

B)评审组织职业健康安全管理体系架构是否已建立并适宜

C)提出第二阶段审核重点

D)A+B+C

二、判断题（正确的请在括号中写"T"，错误的写"F"）

1.某厂采购一批瓶装氧气，由合同方负责送货。该厂说："合同方都知道应该轻装轻卸，也从没发生过事故，所以我厂可以对其不进行危险源辨识、职业健康安全风险评价并策划风险控制措施。"（　　　　）

2.只要没造成死亡、疾病、伤害、损坏或其他损失，就不构成事故，也未成为事件。（　　　　）

3.企业的生产活动就是将能量及相关的物质（原辅料也包含有害物质）转化为产品的过程，因而存在能量和有害物质是不可以避免的，这就是所谓的第一类危险源。（　　　　）

4.策划如何实现职业健康安全目标时，组织除了确定要做什么、需要什么资源、由谁负责、何时完成、如何评价结果外，还应确定如何将实现职业健康安全目标的措施融入其业务过程。（　　　　）

5.组织对职业健康安全目标的管理除了得到管理、予以沟通外，还应在适当时予以更新。（　　　　）

6.各组织建立的职业健康安全管理体系形成的文件化信息，基本是一样的。（　　　　）

7.工作场所是指组织控制下，人员因工作需要而处于或前往的场所，包括组织的人员在差旅或运输中（如驾驶、乘机、乘船或乘火车等）、在客户或顾客处所工作或在家工作的情况。（　　　　）

8.本标准适用于任何规模、类型和活动的组织。它适用于组织控制下的职业健康安全风险，也涉及对工作人员和其他有关相关方的风险以外的议题，如产品安全、财产损失或环境影响等。（　　　　）

9.某高速旋转的砂轮碎片突然飞出,幸好未伤及操作者,我们可把它认为发生了一次"事件"。（　　　）

10."三同时"制度是指在我国境内新建、改建、扩建的基本建设项目,在施工、投入生产和使用时必须同时符合国家职业健康设施的有关规定。（　　　）

三、填空题

1.某建筑公司在广播里增添了一个"安全生产警示格言园地"栏目,提示员工遵章守纪,珍惜生命,深受大家的喜爱。

上述情况适用于标准的条款＿＿＿＿。

2.操作工认为天气太热,一天不戴防护用具也没太大影响,就将其放在一旁。

上述情况适用于标准的条款＿＿＿＿。

3.某企业没有将人力资源部、财务部的职责在职业健康安全管理体系职责中予以明确。

上述情况适用于标准的条款＿＿＿＿。

4.某公司租赁开发区的厂房进行生产,涉及停、送电,接地保护安全由开发区控制。

上述情况适用于标准的条款＿＿＿＿。

5.某企业安全检查制度规定:班组安全员每班要实施安全检查;车间安全管理人员每天进行安全检查;安全处人员进行不定期巡检;企业每周进行综合大检查。

上述情况适用于标准的条款＿＿＿＿。

四、问答题

1.浅谈审核 GB/T 45001－2020 8.1.1 条款的思路(即如何审核 8.1.1 条款)。

2.如何消除危险源和降低职业健康安全风险的控制层级?

3.根据《中华人民共和国安全生产法》的要求,生产经营单位的生产经营项目场所有多个承租、承包单位时,应如何进行安全生产管理?

4.如何理解 GB/T 45001－2020 7.3 条款的要求?

5.审核某一公司的空压机房,请编制对该空压机房的检查表。

五、案例题

请根据所述案例,指出不符合 GB/T 45001—2020 标准的条款号及内容,并写出不符合事实和严重程度。如提供的证据不足以判断有不符合项时,请写出进一步审核的思路。

案例一:

1.审核员在装备部陈部长陪同下走进了空压机站,只见里面 3 台 40 m³/min 空压机全部运转。来到站外的压缩空气储气罐时,审核员注意到储气罐已锈蚀,而且一只安全阀有锈斑。审核员向陈部长询问这些装置是否有维护的制度或程序规定,陈部长表示,空压机和其他生产设备由装备部负责维护并制订了维护保养程序,这些辅助装置不需要有专门的程序规定。

2.审核员走到二车间 5 吨桥式行车驾驶室,要求行车司机小王出示操作证,小王拿出了一张资格证。然后审核员叫小王慢速启动大车,随手将驾驶室门打开,但门舱连锁装置不起作用,小王将紧停开关拉下,行车才停止。驾驶员小王说:"前两天因病假没有上班,车间主任调了小张顶了两天班,今天刚上班还来不及检查。"

3.在化学品仓库,审核员看到货架上放置了数十瓶外文标识的化学品溶液,便问仓库张主任,这些溶液是什么。张主任回答,这是刚进口的用作稀释用的溶剂甲醛。审核员提出是否能提供这些溶剂的安全技术说明书(MSDS)的要求,张主任表示他们并未索取。

4.审核员在审核标准8.2应急准备和响应条款时,询问安全环保部部长对公司制定的应急预案做了哪些工作,部长回答他们每年对应急预案都组织演练,并保存有文字、照片、视频等记录。审核员又问对应急预案是否做过绩效评价,部长回答没有。

案例二:

在审核一家制造家用器具工厂的调漆室时,发现出于安全方面的考虑,现场使用的电器设备都是防爆型的,审核员看到现场放着一台一般办公室用的电扇,调漆室主管表示,由于员工反映现场有机溶剂浓度和室内温度高,就把办公室用的电扇先拿来用,以降低有机溶剂浓度和室内温度。